高等职业教育测绘地理信息类规划教材

地理信息系统原理

主　编　崔　茜
副主编　朱楚馨
参　编　王璇洁　李文煜
主　审　张艳华

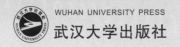

WUHAN UNIVERSITY PRESS
武汉大学出版社

图书在版编目（CIP）数据

地理信息系统原理／崔茜主编；朱楚馨副主编. -- 武汉：武汉大学出版社，2025.7. -- 高等职业教育测绘地理信息类规划教材. -- ISBN 978-7-307-25045-1

Ⅰ.P208.3

中国国家版本馆 CIP 数据核字第 2025WZ0980 号

责任编辑:任仕元　　　　责任校对:鄢春梅　　　　版式设计:马　佳

出版发行:**武汉大学出版社**　　（430072　武昌　珞珈山）

（电子邮箱:cbs22@whu.edu.cn　网址:www.wdp.com.cn）

印刷:湖北诚齐印刷股份有限公司

开本:787×1092　　1/16　　印张:6　　字数:143 千字　　插页:1

版次:2025 年 7 月第 1 版　　2025 年 7 月第 1 次印刷

ISBN 978-7-307-25045-1　　　　定价:33.00 元

前　言

本教材体现了我国最新职业教育相关文件精神，在全国测绘地理信息职业教育教学指导委员会的指导下，根据职业教育规划教材的要求编写，以学生职业岗位能力为依据，强调对学生应用能力、实践能力、分析问题和解决问题能力的培养，突出职业教育的特色。

地理信息系统（GIS）是测绘、地理、资源、环境、遥感、计算机、信息管理技术等多学科交叉的边缘学科。GIS 是用于地球表面及空间和地理分布有关数据采集、存储、管理、描述、分析的信息系统。近几年，"3S"（GIS、GNSS、RS）集成技术在我国的研究与应用越来越广泛，成为测绘新技术发展的一个新方向。为了适应这些新技术的应用需要，国内 GIS 教育如雨后春笋般发展起来。职业教育地理信息人才培养的目标就是培养能将地理信息科技成果转化成生产力的高素质职业岗位技术应用型专门人才。GIS 专业人才不但要有深厚的理论基础，而且要掌握过硬的实践技术，具有不同层面的实际动手能力。因此，GIS 教学主要突出信息获取和数据采集方面的内容，面向生产及工程一线，全面提高学生的实际操作能力、工程应用能力和创新能力。本教材在编写过程中考虑到高职高专学生的实际情况，理论联系实践，详细讲解 GIS 的基本理论、方法和技术。

本教材编写人员具有丰富的教学经验和实践经验。全书由山西水利职业技术学院崔茜担任主编，并完成统稿；山西农业大学朱楚馨担任副主编，山西水利职业技术学院张艳华任主审。参编人员有山西水利职业技术学院王璇洁、包头铁道职业技术学院李文煜。

本教材在编写过程中参考了大量文献，引用了同类书刊中的部分内容，在此谨向有关作者表示衷心感谢！由于作者水平有限，书中难免存在缺点和错误，恳请各位专家、读者给予批评和指正。

编　者

2025 年 3 月

目　　录

项目1　地理信息系统初识 ··· 1

　任务1.1　地理信息系统有关概念 ······································· 2

　　1.1.1　信息和数据 ·· 2

　　1.1.2　地理信息 ·· 3

　　1.1.3　信息系统与地理信息系统 ·································· 3

　任务1.2　地理信息系统的构成 ··· 4

　　1.2.1　硬件系统 ·· 4

　　1.2.2　软件系统 ·· 5

　　1.2.3　空间数据 ·· 5

　　1.2.4　应用人员 ·· 6

　任务1.3　地理信息系统与相关学科 ·································· 7

　　1.3.1　地理信息系统与地理学 ····································· 7

　　1.3.2　地理信息系统与地图学及电子地图 ····················· 7

　　1.3.3　地理信息系统与计算机科学 ······························ 7

　　1.3.4　地理信息系统与遥感 ·· 7

　　1.3.5　地理信息系统与管理信息系统 ···························· 7

　任务1.4　地理信息系统的应用与发展 ······························ 8

　　1.4.1　地理信息系统的应用 ·· 8

　　1.4.2　地理信息系统的发展过程 ··································· 11

　　1.4.3　地理信息系统发展动态 ····································· 11

项目2　地理信息系统数据结构 ··· 13

　任务2.1　认识地理信息系统数据结构 ······························ 14

　　2.1.1　空间数据 ·· 14

　　2.1.2　空间数据的类型 ·· 15

　　2.1.3　空间数据结构 ··· 15

　任务2.2　空间数据的拓扑关系 ·· 15

　　2.2.1　概念 ·· 15

　　2.2.2　空间数据的拓扑关系 ·· 16

　任务2.3　矢量数据结构 ··· 16

　　2.3.1　矢量数据结构的编码方式 ··································· 17

　　2.3.2　矢量数据结构编码方式 ····································· 17

任务 2.4　栅格数据结构 ·· 18

2.4.1　栅格数据结构 ·· 18

2.4.2　链式编码（chain codes）································· 19

2.4.3　游程长度编码（run-length code）······················ 20

2.4.4　块状编码（block code）······························· 21

2.4.5　四叉树编码（quad-tree code）························· 21

2.4.6　八叉树 ··· 22

项目 3　空间数据的获取与处理 ································ 24

任务 3.1　地理信息系统数据的来源 ····························· 25

3.1.1　地图数据 ··· 25

3.1.2　遥感数据（影像数据）····································· 26

3.1.3　文本资料 ··· 26

3.1.4　统计资料 ··· 26

3.1.5　实测数据 ··· 26

3.1.6　多媒体数据 ··· 26

3.1.7　已有系统的数据 ··· 26

任务 3.2　空间数据的分类与编码 ······························· 27

3.2.1　空间数据的分类 ··· 27

3.2.2　空间数据的编码 ··· 28

任务 3.3　空间数据的获取 ····································· 29

3.3.1　属性数据采集 ··· 29

3.3.2　矢量数据的采集 ··· 29

3.3.3　栅格数据的采集 ··· 30

任务 3.4　GIS 空间数据录入后的处理 ··························· 30

3.4.1　误差、错误检查与编辑 ··································· 31

3.4.2　图形数据的几何变换 ····································· 32

3.4.3　图形拼接 ··· 33

3.4.4　数据格式转换 ··· 34

3.4.5　投影变换 ··· 34

3.4.6　拓扑关系的自动生成 ····································· 34

任务 3.5　空间数据的质量与数据标准化 ························· 35

3.5.1　空间数据质量问题的产生 ································· 35

3.5.2　研究空间数据质量问题的目的和意义 ······················ 36

3.5.3　数据质量的基本概念 ····································· 36

3.5.4　空间数据质量标准 ······································· 37

3.5.5　空间数据质量评价标准 ··································· 38

3.5.6　常见空间数据的误差分析 ································· 38

3.5.7　空间数据质量的控制 ····································· 38

　　3.5.8　空间数据的标准 ……………………………………………………… 39

项目4　空间数据库应用 ……………………………………………………… 42
　任务4.1　数据库的认识 ………………………………………………………… 43
　　4.1.1　数据库的定义 …………………………………………………………… 43
　　4.1.2　数据库的主要特征 ……………………………………………………… 44
　　4.1.3　数据库的系统结构 ……………………………………………………… 44
　　4.1.4　数据库管理系统 ………………………………………………………… 45
　　4.1.5　数据词典 ………………………………………………………………… 45
　　4.1.6　数据组织方式 …………………………………………………………… 46
　　4.1.7　数据间的逻辑联系 ……………………………………………………… 46
　任务4.2　数据库系统的数据模型 ……………………………………………… 48
　　4.2.1　层次模型 ………………………………………………………………… 48
　　4.2.2　网络模型 ………………………………………………………………… 49
　　4.2.3　关系模型 ………………………………………………………………… 50
　任务4.3　空间数据库 …………………………………………………………… 52
　　4.3.1　空间数据库 ……………………………………………………………… 53
　　4.3.2　空间数据库的设计 ……………………………………………………… 53
　　4.3.3　数据层设计 ……………………………………………………………… 54
　　4.3.4　数据字典设计 …………………………………………………………… 54
　　4.3.5　地理信息系统与管理信息系统的比较 ………………………………… 55
　任务4.4　GIS中空间数据库的数据模型 ……………………………………… 56
　　4.4.1　混合结构模型 …………………………………………………………… 56
　　4.4.2　扩展结构模型 …………………………………………………………… 56
　任务4.5　面向对象的数据库系统 ……………………………………………… 57
　　4.5.1　面向对象技术概述 ……………………………………………………… 57
　　4.5.2　面向对象方法中的基本概念 …………………………………………… 58
　　4.5.3　面向对象的几何抽象类型 ……………………………………………… 60
　　4.5.4　面向对象的属性数据模型 ……………………………………………… 61
　　4.5.5　面向对象数据库系统的实现方式 ……………………………………… 61
　　4.5.6　空间对象模型实例 ……………………………………………………… 62

项目5　空间数据查询与分析 ………………………………………………… 64
　任务5.1　空间数据查询 ………………………………………………………… 66
　　5.1.1　空间数据查询的含义 …………………………………………………… 66
　　5.1.2　空间数据查询的方式 …………………………………………………… 66
　　5.1.3　查询结果的显示方式 …………………………………………………… 68
　　5.1.4　GIS的空间查询实例 …………………………………………………… 68
　任务5.2　叠加分析 ……………………………………………………………… 69

5.2.1　视觉信息叠加 ··· 70

5.2.2　点与多边形叠加 ··· 70

5.2.3　线与多边形叠加 ··· 70

5.2.4　多边形叠加 ··· 71

5.2.5　栅格图层叠加 ··· 71

任务 5.3　缓冲区分析 ·· 71

5.3.1　缓冲区的概念 ··· 71

5.3.2　缓冲区的建立 ··· 71

5.3.3　缓冲区查询 ··· 72

5.3.4　缓冲区分析 ··· 73

任务 5.4　网络分析 ·· 73

5.4.1　基本概念 ··· 73

5.4.2　主要网络分析功能 ··· 74

任务 5.5　空间插值 ·· 75

5.5.1　需要空间插值的情况 ··· 75

5.5.2　空间插值方法 ··· 76

5.5.3　空间统计分类分析 ··· 77

任务 5.6　数字地形模型分析及地形分析 ·· 79

5.6.1　DTM 与 DEM 的概念 ··· 79

5.6.2　DEM 的主要表示方法 ··· 79

5.6.3　DEM 的分析与应用 ··· 80

项目 6　地理信息系统产品输出 ·· 83

任务 6.1　地理信息系统产品输出形式 ·· 85

6.1.1　地理信息系统产品的输出设备 ··· 85

6.1.2　地理信息系统产品的输出形式 ··· 85

任务 6.2　地理信息的可视化技术 ·· 86

6.2.1　地理信息可视化的概念 ··· 86

6.2.2　地理信息可视化的主要形式 ··· 87

参考文献 ·· 89

项目 1 地理信息系统初识

📝 学习目标

通过本项目的学习，了解地理信息系统（GIS）的相关概念，掌握地理信息系统的软硬件构成、功能与应用及其所要研究的内容；了解地理信息系统发展历史及发展动态。

📋 思政目标

本项目通过基础知识的学习，让学生们认识到人类社会已经全面进入信息化时代，作为一种信息处理的通用技术，地理信息系统日益受到各行各业的广泛关注，引起世界各国普遍重视。目前中国在地理信息系统方面的发展也突飞猛进，希望学生们能抓住难得的发展机遇，积极投身我国地理信息系统发展的伟大事业当中去。

📑 项目案例

某大型沿海城市 A，随着经济快速发展与人口持续增长，面临交通拥堵、公共设施分布不均、土地资源紧张等多重挑战。城市规划部门决定利用 GIS 技术，对城市现状进行精准分析，为未来 10~15 年长期规划提供科学支撑。

1. 数据收集与整合

（1）基础地理数据：从测绘部门获取高精度的城市地形图，涵盖地形地貌（海拔、坡度、坡向）、水系（河流、湖泊位置与流域范围）、植被覆盖（公园、森林分布）等信息，构建起城市自然地理骨架。例如，明确山地丘陵区域，为后续城市建设适宜性评估做准备。

（2）交通数据：整合交通部门的道路信息，包括各级公路、城市街道的长度、宽度、车道数、交通流量数据（通过智能交通监测设备多年积累），以及公交站点、地铁线路与站点分布等，形成交通网络数据集，直观展现城市"动脉"运行状态。

（3）土地利用数据：利用卫星遥感影像解译结合实地调研，划分居住用地、商业用地、工业用地、农业用地等不同类型，统计各类型用地面积、占比及空间分布格局，如老城区居住用地密集但混杂着小型工厂，存在功能分区不合理现象。

（4）人口数据：依据人口普查数据、社区登记信息，将人口数量、年龄结构、人口密度按街道、社区单元精确匹配到地图空间位置，呈现人口分布热点与稀疏区。

2. GIS 分析过程

（1）交通拥堵分析：基于交通流量数据与道路网络，运用空间分析工具设定流量阈值，在地图上直观渲染拥堵路段（红色表示严重拥堵、黄色为中度拥堵），识别出早晚高峰拥堵高发"热点区域"，像市中心商务区周边路口、进出城主要通道在工作日 8~10 点、17~19 点拥堵频次，为后续道路拓宽、新通道规划找准着力点。

（2）公共设施可达性评估：结合人口分布与公园、医院、学校等公共设施位置，利用"网络分析"功能，模拟居民从居住地出发，按照不同出行方式（步行、公交、自驾）抵达公共设施所需时间，生成"可达性地图"。发现城市边缘新开发住宅区周边学校、医院配套不足，部分老旧小区步行 15 分钟内难觅公园绿地，助力合理规划设施布点与优化资源配置。

（3）土地适宜性评价：综合地形（坡度小于 15°适宜建设）、土地利用现状（优先选择未利用地或低效用地开发）、生态保护红线（禁止开发区域）等多因素，利用"加权叠加分析"，为居住、商业、工业等不同功能用地打分、分类，划分出高度适宜、适宜、限制、禁止建设区域。如沿海湿地周边因生态敏感被划为禁止建设区，平坦且靠近交通干线的原工业低效用地标记为商业再开发高度适宜区。

3. 规划应用成果

（1）优化交通布局：依据拥堵分析与可达性评估，规划部门在拥堵热点新建高架桥、地下隧道，优化公交专用道设置；结合地铁站点延伸，规划 TOD（以公共交通为导向的开发）模式综合社区，实现居住、商业与交通无缝衔接，缓解通勤压力。

（2）均衡公共设施分布：按可达性短板区域，规划新建多所学校、社区医院，在公园稀缺地段利用"见缝插绿"手法开辟小型街头绿地、口袋公园，提升居民生活品质与城市宜居性。

（3）科学用地规划：根据土地适宜性评价，有序引导工业向产业园区集聚（集中在适宜工业开发且交通便利、远离生态敏感区地块），对老城区居住用地实施"退二进三"（工业用地改商业、居住用地），合理调整城市功能分区，提升土地利用效率与城市整体运行效能。

通过这个案例可见，GIS 凭借其强大的空间分析与数据整合能力，可将复杂城市信息可视化、定量化，让城市规划从经验判断迈向精准科学决策，助力城市可持续发展。

任务 1.1 地理信息系统有关概念

地理信息系统是利用计算机存储、处理地理信息的一种技术与工具，是一种在计算机软件、硬件支持下，把各种资源信息和环境参数按空间分布或地理坐标，以一定格式和分类码输入、处理、存储、输出，以满足应用需要的人机交互信息系统。

1.1.1 信息和数据

1. 信息的含义

广义信息论认为，信息是主体与外部客体之间相互联系的一种形式，是主体和客体之间一切有用的消息和知识，是表征事物特征的一种普通形式。

2. 信息的特点

信息来源于数据，具有以下特点：

（1）客观性。信息是客观存在的，任何信息都是与客观事物相联系的，但同一信息对不同的部门来说会有完全不同的重要性。

（2）实用性。信息系统将地理空间的巨大数据流收集、组织和管理起来，经过处理、转换和分析，变为生产、管理、经营、分析和决策的依据，因而它具有广泛的实用性。

（3）传输性。信息可以在信息发送者和接收者之间传输，信息在传输、使用、交换时其原始意义不改变。

（4）共享性。现代信息社会中，信息共享是最基本的特点。

3. 数据

数据是指输入计算机并能被计算机进行处理的一切现象（数字、文字、符号、声音、图像等）。数据是对客观对象的表示，而信息则是数据内涵的意义，是数据的内容和解释。信息与数据是不可分离的。信息由与物理介质有关的数据表达，数据中所包含的意义就是信息。数据是信息的载体，但并不就是信息。

1.1.2　地理信息

地理信息是指与空间地理分布有关的信息，它是指表示地表物体和环境固有的数量、质量、分布特征、联系和规律的数字、文字、图形、图像等的总称。它有以下特征：

（1）区域性。地理信息属于空间信息，其位置是通过数据进行标识的，这是地理信息区别于其他类型信息最显著的标志。

（2）多维性。地理信息可以在二维空间的基础上，实现多个专题的第三维结构。

（3）动态性。动态性是指地理信息的动态变化特征，即时序特征。

1.1.3　信息系统与地理信息系统

1. 信息系统

系统是由具有特定功能的、相互有机联系的多要素所构成的一个整体。信息系统，是指具有对数据进行采集、存储、管理、分析和再现等功能，并且可以回答用户一系列问题的系统。信息系统大多是由计算机系统支持的，并由计算机的软件、硬件、数据、用户等要素组成。

2. 地理信息系统

地理信息系统是在计算机软硬件技术的支持下，对整个或部分地球表层的地理分布数据进行采集、存储、管理、分析以及再现，以提供规划、管理、决策和研究所需信息的空间信息系统。

根据地理信息的定义，可以得到地理信息系统的基本概念：

（1）地理信息系统首先是一种计算机系统。

（2）地理信息系统的操作对象是空间数据。

（3）地理信息系统的技术优势在于它有效的数据集成方法、独特的空间分析能力、快速的空间搜索和查询功能、强大的图形绘制和数据的可视化表达手段，以及对地理过程的模拟、预测和决策支持功能等。

（4）地理信息系统与测绘学和地理学关系密切。

3. 地理信息系统的分类

地理信息系统根据其研究范围的大小，可分为全球性信息系统和区域性信息系统；根据其研究内容，可分为专题信息系统和综合信息系统；根据其使用的数据模型，可分为矢量系统、栅格系统和矢栅混合系统等。

任务 1.2 地理信息系统的构成

一个实用的地理信息系统，要具备对空间数据的采集、管理、处理、分析以及再现等功能，其基本组成一般包括四个主要部分：硬件系统、软件系统、空间数据、用户和应用模型。如图1.1所示。

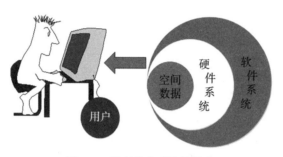

图 1.1 地理信息系统的构成

1.2.1 硬件系统

硬件系统是系统中实际物理设备的总称，主要包括计算机主机、输入设备、存储设备、输出设备和网络设备等。如图1.2所示。

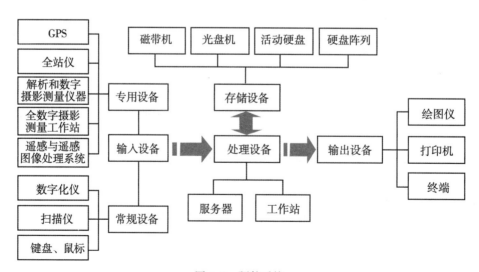

图 1.2 硬件系统

（1）计算机主机：是硬件系统的核心部分，主要包括主机、服务器、桌面工作站等。

（2）输入设备：包括键盘、数字化仪、图像扫描仪等。

（3）存储设备：包括硬盘、磁带机、光盘、磁盘阵列等。

（4）输出设备：包括显示器、绘图仪、打印机等。

（5）网络设备：包括网络的布线系统、路由器、交换机等。

1.2.2　软件系统

地理信息系统的软件是整个系统的核心部分，用于执行地理信息系统功能的各种操作，包括数据的输入、处理、管理、分析等。一个完整的地理信息系统需要多种软件协同工作，主要包括以下三种软件：

1. 操作系统软件

这主要指计算机操作系统，提供各种应用程序运行的环境以及用户操作环境。

2. GIS 功能软件

GIS 功能软件通常可以分为 GIS 基础软件平台和 GIS 应用软件两类。具有代表性的 GIS 基础软件平台有 ESRI 公司开发的 ArcGIS、国内超图公司开发的 SuperMap、中地公司开发的 MapGIS 和吉奥公司开发的 GeoStar 等。

3. GIS 基础支撑软件

基础支撑软件主要包括各种系统库软件和数据库软件等。

软件系统如图 1.3 所示。

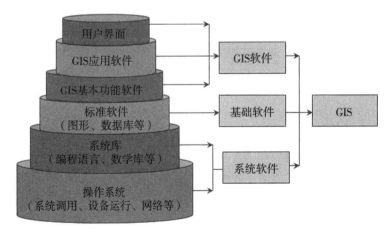

图 1.3　软件系统

1.2.3　空间数据

空间数据是地理信息的载体，是地理信息系统的操作对象，也是地理信息系统的重要

5

组成部分。空间数据描述着地理实体的空间特征、属性特征以及时间特征，其中，空间特征是指地理实体的空间位置及相互关系；属性特征表示地理实体的名称、数量、质量、类型等；时间特征是指实体随时间而发生的变化。如图 1.4 所示。

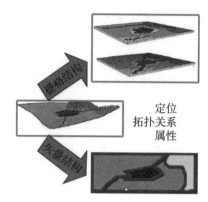

图 1.4   地理空间数据

1.2.4   应用人员

应用人员是 GIS 的一个重要构成因素。对于合格的系统设计、运行和使用，地理信息系统专业人员是地理信息系统应用成功的关键，而强有力的组织则是系统顺利运行的保障。一个周密规划的地理信息系统项目应包括负责系统设计和执行的项目经理、负责信息管理的技术人员、负责系统用户化的应用工程师以及最终运行系统的用户。GIS 应用人员组成如图 1.5 所示。

图 1.5   GIS 应用人员

任务 1.3　地理信息系统与相关学科

1.3.1　地理信息系统与地理学

在地理学的研究中，空间分析的观点、方法具有悠久历史，并成为地理信息系统的基础理论依托；而地理信息系统则是现代地理学与计算机等多种技术相结合的产物，它采用计算机建模和模拟技术实现地理环境与过程的虚拟，以便对地理现象进行直观科学的分析，并提供决策依据。

1.3.2　地理信息系统与地图学及电子地图

电子地图是利用计算机技术，以数字方式进行存储和查阅的地图。从地理信息系统的发展过程来看，地理信息系统的产生、发展都与地图制图系统存在密切的关系，它们都具有基于空间数据库的空间信息的表达、处理和显示能力。

1.3.3　地理信息系统与计算机科学

计算机科学的发展对地理信息系统的发展有着深刻的影响。20 世纪 60 年代初期，在计算机图形学的基础上出现了计算机化的数字地图，地理信息系统与计算机的数据库管理系统（DBMS）技术、计算机辅助设计（CAD）、计算机辅助制图（CAM）以及计算机图形学有着密切联系，但它们都无法取代地理信息系统的作用。

1.3.4　地理信息系统与遥感

遥感是一种不通过直接接触目标而获得其信息的新型探测技术，它通常是获取和处理地球表面的信息，并反映在像片或数字影像上。一方面，遥感信息已经成为地理信息系统十分重要的数据源；另一方面，地理信息系统中的数据也可以作为遥感影像分析的一种辅助数据。

1.3.5　地理信息系统与管理信息系统

传统意义上的管理信息系统是以管理为目的、在计算机硬件和软件的支持下，具有存储、处理、管理和分析数据能力的信息系统，如人才管理信息系统、财务管理信息系统、服务业管理信息系统等。这类信息系统与地理信息系统的主要区别在于它们处理的数据没有空间特征。

Christopher B. Jones 在 *Geographical Information Systems and Computer Cartography* (Addison Wesley Longman Ltd.，1997) 一书中用一棵树的形式更为详细地给出了地理信息科学与其他学科的关系。

如图 1.6 所示，在这棵树中，"树根"表示学科基础；"树枝"表示应用，应用的需求和结果返回到"树根"；"雨滴"则表示应用的数据来源。[1]

---

[1]　邬伦. 地理信息系统原理、方法和应用 [M]. 北京：科学出版社，2004：21.

图 1.6 地理信息科学与其他学科的关系

任务 1.4 地理信息系统的应用与发展

1.4.1 地理信息系统的应用

1. 农业方面

在我国，从 20 世纪 80 年代中期开始，GIS 技术就被广泛应用于农业领域，包括国土资源决策管理、农业资源信息、区域农业规划、粮食生产辅助决策等方面。如图 1.7 所示。

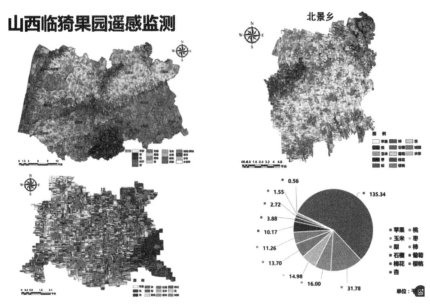

图 1.7　地理信息系统在农业方面的应用

2. 林业方面

目前，GIS 在林业方面的应用主要有：环境和森林灾害监测与管理、森林调查、森林资源分析和评价、森林结构调整、森林经营、野生动植物监测与管理。

3. 资源环境管理

资源的清查、管理和分析是 GIS 最基本的应用，也是 GIS 应用最广的领域。

4. 城乡规划

常规的城乡规划设计是在测绘人员提供的测绘图件、资料下进行的。GIS 在城乡规划方面主要的应用方向有：土地规划与管理、资源利用规划与管理、环境规划与管理、城市规划与管理、交通管理与控制。如图 1.8 所示。

5. 测绘与地图制图

GIS 技术源于机助制图。所有的 GIS 都具有计算机制图的成分，其软件可以输出普通地图与专题地图。

6. 灾害评估与预测

利用 GIS 技术，可以对各种自然灾害或人为灾害进行监测、预报、评估、灾害保险、抗灾及应急救援、灾后恢复等。

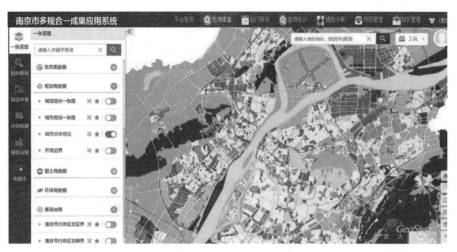

图 1.8 地理信息系统在城乡规划方面的应用

7. 环境保护

利用 GIS 技术建立城市环境监测、分析及预报信息系统，可为实现环境监测与管理的科学化、自动化提供最基本的条件。

8. 辅助决策

GIS 利用拥有的数据库和互联网传输技术，已经实现了电子商务的革命，满足了企业决策多维性的需求。如图 1.9 所示。

图 1.9 地理信息系统在辅助决策方面的应用

9. 在公众服务领域的应用

从 1999 年开始，国内的 GIS 平台开始进军 Internet，并逐步进入了公众视线，应用领域也从原来的桌面地理信息应用提供者，逐步转化为网络地图服务应用的提供者，实现了地图搜索、公交换乘、线路车站查询、自驾、电子地图、网上地图、手机地图、位置服务、中国地图和各城市地图等多项功能。

1.4.2 地理信息系统的发展过程

地理信息系统脱胎于地图。地图是地理学的第二代语言，而地理信息系统将成为地理学的第三代语言。20 世纪 60 年代初，在计算机图形学的基础上出现了计算机化的数字地图。1950 年，美国麻省理工学院为它的"旋风一号"计算机制造了第一台图形显示器。1958 年，美国的一家公司在联机的数字记录仪的基础上研制成滚筒式绘图仪。1962 年，麻省理工学院的一名研究生在其博士学位论文中首次提出了计算机图形学的术语，并论证了交互式计算机图形学是一个可行的、有用的研究领域，从而确立了这一科学分支的独立地位。在此基础上，地理信息系统发展起来。

地理信息系统的大致发展过程如下：

（1）20 世纪 60 年代，开拓发展阶段。

（2）20 世纪 70 年代，巩固阶段。

（3）20 世纪 80 年代，突破阶段。

（4）20 世纪 90 年代，社会化阶段。

（5）21 世纪，产业化广泛应用阶段。

1.4.3 地理信息系统发展动态

（1）3S 集成技术：将 GIS 与 GPS、RS 集成，构成实时动态的地理信息系统，是地理信息系统发展的一个趋势。

（2）与网络的融合：与网络融合建立网络地理信息系统（Web GIS），是地理信息系统发展的一个重要方向。

（3）与虚拟现实技术的融合：与虚拟现实技术相结合的 GIS，具有独特的处理地理空间数据的手段，大大提高了数据处理和分析能力。

（4）与多媒体技术的融合：GIS 与多媒体技术的融合是图形、文字、音频、视频等多媒体元素融入 GIS，并以新的方式感知和表现出来，使 GIS 的表现形式更丰富、更灵活、更友好，给 GIS 的应用带来了新的领域和广阔的前景。

（5）开放式 GIS：开放式 GIS 是指在计算机和通信环境下，根据行业标准和接口所建立起来的地理信息系统。一般来说，接口是一组语义相关的成员函数，并且同函数的实体相分离。

（6）三维 GIS：三维 GIS 强大的多维度空间分析功能，仅是 GIS 空间分析功能的一次跨越，而且在更大程度上也充分体现了 GIS 的特点和优越性。

习题和思考题

1. 什么是地理信息系统？它与一般的计算机应用系统有哪些异同点？

2. 地理信息系统有哪些组成部分？

3. 根据你的了解，地理信息系统有哪些相关学科及相关技术？

4. 地理信息系统可以应用于哪些领域？根据你的了解，请论述地理信息系统应用与发展前景。

项目 2　地理信息系统数据结构

📝 教学目标

通过本项目的学习，掌握栅格数据结构和矢量数据结构的特点、两种数据结构的编码方式、相互转化的方法以及矢量数据建立拓扑关系的过程。

📋 思政目标

本项目通过学习地理信息系统数据结构，让学生了解不同数据结构的优缺点，做到具体问题具体分析，培养学生在实际工作中正确判断该用哪种方式解决当下问题的能力。

数据精准性执着追求：GIS 数据结构要求数据具备高精度、逻辑一致性，以数字高程模型（DEM）栅格数据为例，高程值偏差会在地形分析、洪水模拟等应用中"差之毫厘，谬以千里"。在数据采集实训（GPS 野外测量、遥感影像解译）与数据库构建课程作业中，严格规范数据质量把控流程，反复校验坐标精度、属性准确性，培养学生耐心细致、求真务实的科研作风，视数据精准度为专业生命线。

📄 项目案例

某省拥有广袤且生态多样的森林资源，涵盖多个山脉、河流流域，森林类型丰富，包括天然阔叶林、针叶林以及人工经济林等。但长期以来，林业资源清查依赖传统人工实地调查和纸质记录，存在数据更新滞后、空间分布不直观、资源动态变化难以及时掌握等问题，难以满足现代林业精细化管理与生态保护需求。因此，决定引入 GIS 技术构建全新林业资源管理平台。

1. GIS 数据结构设计与数据采集

1）矢量数据层面

林地区划与地类图斑绘制：按照林业标准，结合高分辨率卫星影像和实地 GPS 测绘，将整片森林划分成众多小图斑（最小管理单元），每个小图斑作为一个独立矢量多边形，记录其边界坐标串。属性表详细登记图斑编号、林种、林龄、面积、林权归属、土壤类型等信息。例如，编号为"001"号的图斑，林种为"50 年生杉木人工林"，面积 20 公顷，归当地国有林场所有，土壤类型为酸性红壤，精准勾勒出森林微观构成。

林业基础设施矢量标注：对林区内的护林站、瞭望塔、林区道路、防火隔离带等设施，以点（瞭望塔位置）、线（道路、隔离带走向）矢量要素呈现，关联属性有设施名称、建成时间、维护状态、长度（道路、隔离带）等，为日常运维、应急调度提供清晰指引。

2）栅格数据运用

地形地貌数据整合：加载数字高程模型（DEM）栅格数据，分辨率达 30 米，直观展现林区海拔、坡度、坡向信息。经坡度分析，划分出平缓（<15°）适宜造林整地、中度坡度（15°~30°）需谨慎开发、陡坡（>30°）重点生态保育区域，为森林经营规划"量体裁衣"；海拔分层显示不同垂直带谱森林分布，如低海拔河谷多为经济林，高海拔山区为耐寒针叶林。

植被覆盖度监测：借助多光谱卫星影像生成季相植被覆盖度栅格图，像归一化植被指数影像，按值域对应不同覆盖等级，按季度更新，动态跟踪植被生长、森林健康及灾害受损状况。

2. 项目实施与功能实现

（1）资源清查与动态更新系统：基于上述数据结构，林业工作人员手持移动 GIS 设备（集成 GPS、数据采集 APP）实地巡护核查信息，发现林种更替（人工林自然演替）、林木采伐更新、病虫害受灾面积变化等，即时更新矢量图斑属性或修正边界，云端同步后使全省林业资源"家底"时刻精准清晰，每年更新数据支撑科学决策。

（2）森林防火预警与应急指挥：结合地形、植被覆盖栅格与矢量图斑，设定森林火灾风险模型；在防火期，实时接入气象数据（温度、湿度、风速），动态预警森林高风险区。一旦火情发生，系统迅速定位起火点（基于瞭望塔、护林员上报坐标），依托林区道路、设施矢量数据规划最优灭火路线，调配周边资源，提升应急响应效率。

（3）森林生态效益评估：依据林种、面积矢量数据和植被覆盖、地形栅格，量化水源涵养（坡度、植被影响下土壤蓄水能力）、固碳释氧（不同林分碳储量估算）、生物多样性保育（珍稀动植物栖息地小斑监测）等生态效益指标，生成可视化报告，为生态补偿、林业项目立项提供量化依据，凸显森林综合价值。

3. 项目成效

（1）管理精度跃升：从粗放估算到图斑级精准把控，森林资源数据误差率从以往超 20% 降至 5% 以内，资源变动实时追踪，为可持续经营筑牢根基。

（2）灾害防控升级：防火预警提前量从平均 30 分钟提高至 2 小时以上，应急处置效率提升 40%，近三年因响应及时，火灾受灾面积减少，较好地守护了森林安全。

（3）生态经济双赢：精准生态评估助力争取生态补偿资金年增 2000 余万元，合理经营规划使木材产量稳中有升，促进了林业绿色循环发展。

此项目借助 GIS 多元数据结构整合优势，让林业管理从"模糊"走向"数字清晰"，激活了森林资源最大潜能。

任务 2.1　认识地理信息系统数据结构

2.1.1　空间数据

要完整地描述空间实体或现象的状态，一般需要同时有空间数据和属性数据。如果要描述空间实体或现象的变化，则还需要记录空间实体或现象在某一时刻的状态。所以一般认为空间数据具有如下 3 个基本特征：

（1）空间特征：表示现象的空间位置或现象所在处的地理特征。空间特征又称为几何特征或定位特征，一般用坐标数据表示。

（2）属性特征：表示现象的特征，例如变量、分类、数量特征和名称等。

（3）时间特征：指现象或物体随时间的变化。

2.1.2　空间数据的类型

表示地理现象的空间数据从几何上可以抽象为点、线、面三类。

2.1.3　空间数据结构

空间数据结构是指空间数据适合于计算机存储、管理、处理的逻辑结构，是地理信息系统沟通信息的桥梁，只有充分理解地理信息系统所采用的特定数据结构，才能正确有效地使用系统。

空间数据结构分为基于矢量的数据结构和基于栅格的数据结构。

在GIS中，空间数据代表着现实世界地理实体或现象在信息世界中的映射，它反映的特征包括自然界地理实体向人类传递的基本信息。空间数据与现实世界的映射如图2.1所示。

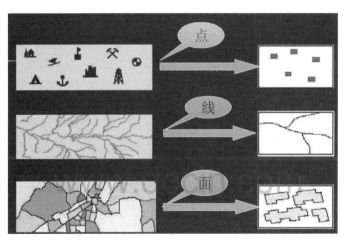

图2.1　空间数据与现实世界的映射

任务2.2　空间数据的拓扑关系

2.2.1　概念

空间关系信息主要涉及几何关系的相连、相邻、包含等信息，它用拓扑关系或拓扑结构的方法来分析。拓扑关系是明确定义空间关系的一种数学方法，在GIS中，用它来描述并确定空间的点、线、面之间的关系及属性，并可实现相关的查询和检索。

拓扑关系反映了空间实体之间的逻辑关系，它不需要坐标、距离信息，不受比例尺限制，也不随投影关系变化。因此，在 GIS 中，了解拓扑关系，对空间数据的组织、空间数据的分析和处理都具有非常重要的意义。

2.2.2　空间数据的拓扑关系

1. 拓扑关联

拓扑关联性表示空间图形中不同类型元素如节点、弧段及多边形之间的拓扑关系。如图 2.2 所示，多边形具有弧段之间的关联性，如 P_1：a_1、a_5、a_6；P_2：a_2、a_4、a_6 等；也有弧段和节点之间的关联性，如 N_1：a_1、a_3、a_5，N_2：a_1、a_2、a_6 等。

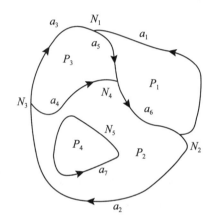

图 2.2　空间数据的拓扑关系

2. 拓扑邻接

拓扑邻接性表示图形中同类元素之间的拓扑关系，如多边形之间的邻接性、弧段之间的邻接性以及节点之间邻接关系。如图 2.2 所示，与弧段 a_1 具有拓扑邻接关系的有 a_3、a_5、a_6 等；与节点 N_1 具有拓扑邻接关系的有 N_2、N_3、N_4 等；与多边形 P_1 具有图谱邻接关系的有 P_2、P_3 等。

3. 拓扑包含

拓扑包含性是指空间图形中，面状实体中所包含的其他面状实体或线状、点状实体关系。如图 2.2 所示，多边形 P_2 包含多边形 P_4。

任务 2.3　矢量数据结构

基于矢量模型的数据结构称为矢量数据结构。

2.3.1　矢量数据结构的编码方式

1. 点实体

点实体包括由单独一对（x，y）坐标定位的一切地理或坐标实体。在矢量数据结构中，除点实体的（x，y）坐标外，还应存储其他一些与点实体有关的数据来描述点实体的类型、制图符号和显示要求等。点是空间上不可再分的地理实体，可以是具体的，也可以是抽象的，如地物点、文本位置点或线段网络的节点等。

2. 线实体

线实体可以定义为由直线元素组成的各种线性元素，直线元素由两对以上的（x，y）坐标定义。最简单的线实体只存储它的起止点坐标、属性、显示符号等有关数据。虽然线实体并不是以虚线存储的，但仍可以用虚线输出。

线实体主要用来表示线状地物（公路、水系、山脊线）、符号线和多边形边界，有时也称为"弧""链""串"等。

3. 面实体

多边形（有时称为区域）数据是描述地理空间信息的最重要的一类数据。在区域实体中，具有名称属性和分类属性的，多用多边形表示，如行政区、土地类型、植被分布等；具有标量属性的有时也用等值线描述，如地形、降雨量等。

多边形矢量编码，不但要表示位置和属性，更重要的是能表达区域的拓扑特征，如形状、邻域和层次结构等，以便使这些基本的空间单元作为专题图的资料进行显示和操作。由于要表达的信息十分丰富，基于多边形的运算多而复杂，因此多边形矢量编码比点和线实体的矢量编码要复杂得多，也更为重要。

2.3.2　矢量数据结构编码方式

矢量数据结构编码的方式，按照其功能和方法可分为实体式、索引式、双重独立式和链状双重独立式。

1. 实体式

实体式数据结构是指构成多边形边界的各个线段，以多边形为单元进行组织。按照这种数据结构，边界坐标数据和多边形单元实体一一对应，各个多边形边界都单独编码和数字化。

这种数据结构具有编码容易、数字化操作简单和数据编排直观等优点。但这种方法也有以下明显缺点：

（1）相邻多边形的公共边界要数字化两遍，造成数据冗余，可能导致输出的公共边界出现间隙或重叠。

（2）缺少多边形的邻域信息和图形的拓扑关系。

（3）岛只作为一个单独的图形，没有建立与外界多边形的联系。

因此，实体式编码只用在简单的系统中。

2. 索引式

索引式数据结构采用树状索引以减少数据冗余并间接增加邻域信息，具体方法是对所有边界点进行数字化，将坐标对以顺序方式存储，将点索引与边界线号相联系，线索引与各多边形相联系，形成树状索引结构。

树状索引结构消除了相邻多边形边界的数据冗余和不一致的问题，在简化过于复杂的边界线或合并多边形时可不必改造索引表，邻域信息和岛状信息可以通过对多边形文件的线索引处理得到，但是比较烦琐，因而给邻域函数运算、消除无用边、处理岛状信息以及检查拓扑关系等带来一定的困难，而且两个编码表都要以人工方式建立，工作量大且容易出错。

3. 双重独立式

双重独立式数据结构（dual independent map encoding，DIME）最早是由美国人口统计局研制出来进行人口普查分析和制图的，是系统或双重独立式的地图编码法。它以城市街道为编码的主体。其特点是采用了拓扑编码结构。

双重独立式数据结构是对图上网状或面状要素的任何一条线段，用其两端的节点及相邻面域来予以定义。

4. 链状双重独立式

链状双重独立式数据结构是 DIME 数据结构的一种改进。在 DIME 中，一条边只用直线两端点的序号及相邻的面域来表示，而在链状数据结构中，将若干直线段合为一弧段（或链段），每个弧段可以有许多中间点。

在链状双重独立数据结构中，主要有 4 个文件：多边形文件、弧段文件、弧段坐标文件、节点文件。

任务 2.4 栅格数据结构

2.4.1 栅格数据结构

1. 栅格数据结构

栅格数据结构是最简单、最直观的空间数据结构，又称为网络结构或像元结构，是指将地球表面划分为大小均匀紧密相邻的网格阵列，每个网格作为一个像元或像素，由行、列号定义，并包含一个代码，表示该像素的属性类型或量值，或仅仅包含指向其属性记录的指针。因此，栅格结构是以规则的阵列来表示空间地物或现象分布的数据组织，组织中的每个数据表示地物或现象的非几何属性特征。如图 2.3 所示，在栅格结构中，点用一个栅格单元表示；线状地物则用沿线走向的一组相邻栅格单元表示，每个栅格单元最多有两个相邻单元在线上；面或区域用记有区域属性的相邻栅格单元的集合表示，每个栅格单元可有多于两个的相邻单元同属一个区域。任何以面状分布的对象（土地利用、土壤类型、地势起伏、环境污染等），都可以用栅格数据逼近。遥感影像就属于典型的栅格结构，每个像元的数字表示影像的灰度等级。

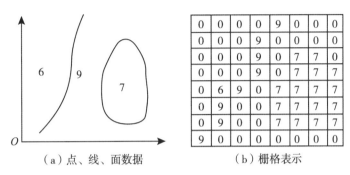

（a）点、线、面数据　　　　　（b）栅格表示

图 2.3　点、线、面数据的栅格表示

2. 栅格数据结构的特点

栅格数据结构的显著特点是：属性明显，定位隐含，即数据直接记录属性的指针或属性本身，而所在位置则根据行列号转换为相应的坐标给出，也就是说，定位是根据数据在数据库中的位置得到的。由于栅格结构是按照一定的规则排列的，所表示的实体位置很容易隐含在网格文件的存储结构中，在后面讲述栅格结构编码时可以看到，每个存储单元的行列位置可以方便地根据其在文件中的记录位置得到，且行列坐标可以很容易地转换为其他坐标系下的坐标。在网格文件中每个代码本身明确地代表了实体的属性或属性的编码，如果为属性的编码，则该编码可作为指向实体属性表的指针。图 2.3 中表示了一个代码为 6 的点实体，一条代码为 9 的线实体，一个代码为 7 的面实体。

栅格数据结构表示的地表是不连续的，是量化和近似离散的数据。在栅格结构中，地表被分成相互邻接、规则排列的矩形方块（有时也可以是三角形块、六边形块等），每个地块与一个栅格单元相对应。栅格数据的比例尺就是栅格大小与地表相应单元大小之比。在处理许多栅格数据时，常假设栅格所表示的量化表面是连续的，以便使用某些连续函数。由于栅格结构对地表的量化，在计算面积、长度、距离、形状等空间指标时，若栅格尺寸较大，则会造成较大的误差，同时由于在一个栅格的地表范围内，可能存在多于一种的地物，而表示在相应栅格结构中的常常只能是一个代码。这类似于遥感影像的混合像元问题，如 Landsat MSS 卫星影像单个像元对应地表 79m×79m 的矩形区域，影像上记录的光谱数据是每个像元所对应的地表区域内所有地物类型的光谱辐射的总和效果。因此，这种误差不仅有形态上的畸变，而且还可能包括属性方面的偏差。

2.4.2　链式编码（chain codes）

链式编码又称为弗里曼链码（Freeman，1961）或边界链码。链式编码主要记录线状地物和面状地物的边界。它把线状地物和面状地物的边界表示为由某一起始点开始并按某些基本方向确定的单位矢量链。基本方向可定义为东 = 0、东南 = 1、南 = 2、西南 = 3、西＝4、西北＝5、北＝6、东北＝7 8 个基本方向。如图 2.4 所示。

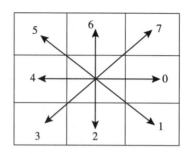

图 2.4 链式编码的方向代码

如果对于图 2.5 所示的线状地物确定其起始点为像元（1，5），则其链式编码为：

1，5，3，2，2，3，3，2，3

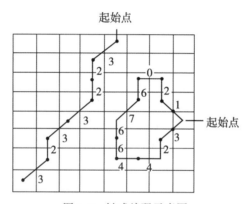

图 2.5 链式编码示意图

对于图 2.5 所示的面状地物，假设其原起始点定为像元（5，8），则该多边形边界按顺时针方向的链式编码为：

5，8，3，2，4，4，6，6，7，6，0，2，1

链式编码对线状和多边形的表示具有很强的数据压缩能力，且具有一定的运算功能，如面积和周长计算等，探测边界急弯和凹进部分等都比较容易，类似矢量数据结构，比较适用于存储图形数据。其缺点是对叠置运算如组合运算、相交运算等则很难实施，对局部修改将改变整体结构，效率较低，而且由于链码以每个区域为单位存储边界，相邻区域的边界则被重复存储而产生冗余。

2.4.3 游程长度编码（run-length code）

游程长度编码是栅格数据压缩的重要编码方法，它的基本思路是：对于一幅栅格图像，行（或列）方向上相邻的若干点常常具有相同的属性代码，因而可采取某种方法压缩那些重复的记录内容。其编码方案是：只在各行（或列）数据的代码发生变化时依次记录该代码以及相同代码重复的个数，从而实现数据的压缩。例如对图 2.6（a）所示的栅格数据，可沿行方向进行如下游程长度编码：

(9, 4), (0, 4), (9, 3), (0, 5), (0, 1), (9, 2), (0, 1), (7, 2), (0, 2), (0, 4), (7, 2), (0, 2), (0, 4), (7, 4), (0, 4), (7, 4), (0, 4), (7, 4), (0, 4), (7, 4)

游程长度编码对图 2.6（a）只用了 40 个整数就可以表示，而如果用前述的直接编码却需要 64 个整数才能表示，可见游程长度编码压缩数据是十分有效和简便的。事实上，压缩比的大小是与图的复杂程度成反比的，变化多的部分游程数就多，变化少的部分游程数就少；图件越简单，压缩效率就越高。

9	9	9	9	0	0	0	0
9	9	9	0	0	0	0	0
0	9	9	0	7	7	0	0
0	0	0	0	7	7	0	0
0	0	0	0	7	7	7	7
0	0	0	0	7	7	7	7
0	0	0	0	7	7	7	7
0	0	0	0	7	7	7	7

（a）原始栅格数据

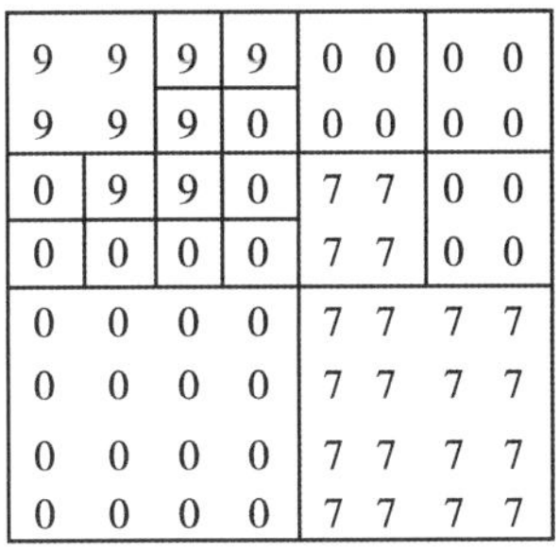

（b）四叉树编码示意图

图 2.6　栅格数据压缩编码示意图

游程长度编码在栅格加密时，数据量没有明显增加，压缩效率较高，且易于检索、叠加、合并等操作，运算简单，适用于机器存储容量小、数据需大量压缩，而又要避免复杂的编码解码运算增加处理和操作时间的情况。

2.4.4　块状编码（block code）

块状编码是游程长度编码扩展到二维的情况，采用方形区域作为记录单元，每个记录单元包括相邻的若干栅格，数据结构由初始位置（行、列号）和半径，再加上记录单元的代码组成。根据块状编码的原则，对图 2-6（a）所示图像可以用 12 个单位正方形、5 个 4 单位的正方形和 2 个 16 单位的正方形完整表示，如图 2.6（b）所示。具体编码如下：

(1, 1, 2, 9) (1, 3, 1, 9), (1, 4, 1, 9), (1, 5, 2, 0), (1, 7, 2, 0), (2, 3, 1, 9), (2, 4, 1, 0), (3, 1, 1, 0), (3, 2, 1, 9), (3, 3, 1, 9), (3, 4, 1, 0), (3, 5, 2, 7), (3, 7, 2, 0), (4, 4, 1, 0), (4, 2, 1, 0), (4, 3, 1, 0), (4, 4, 1, 0), (5, 1, 4, 0), (5, 5, 4, 7)

一个多边形所包含的正方形越大，多边形的边界越简单，块状编码的效果就越好。块状编码对大而简单的多边形更为有效，而对那些碎部较多的复杂多边形效果并不好。块状编码在合并、插入、检查延伸性、计算面积等操作时有明显的优越性。然而对某些运算不适应，必须转换成简单数据形式才能顺利进行。

2.4.5　四叉树编码（quad-tree code）

四叉树结构的基本思想是将一幅栅格地图或图像等分为四部分。逐块检查其格网属性值（或灰度）。如果某个子区的所有格网值都具有相同的值，则这个子区就不再继续分割，否则还要把这个子区再分割成四个子区。这样依次地分割，直到每个子块都只含有相同的属性值或灰度。

图 2.6（b）表示对图 2.6（a）的分割过程及其关系。这四个等分区称为四个子象限，按左上（NW）、右上（NE）、左下（SW）、右下（SE）用一个树状结构表示，如图 2.7 所示。

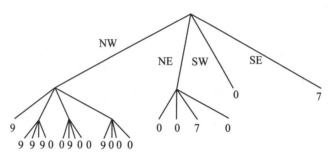

图 2.7　四叉树的树状表示

从图 2.7 可以看出，为了保证四叉树能不断地分解下去，要求图像必须为 $2^n \times 2^n$ 的栅格阵列，n 为极限分割次数，$n+1$ 是四叉树的最大高度或最大层数。对于非标准尺寸的图像需首先通过增加背景的方法将图像扩充为 $2^n \times 2^n$ 的图像，也就是说在程序设计时，对不足的部分以 0 补足（在建树时，对于补足部分生成的叶节点不存储，这样存储量并不会增加）。

四叉树编码法有许多有趣的优点：① 容易而有效地计算多边形的数量特征；② 阵列各部分的分辨率是可变的，边界复杂部分四叉树较高即分级多、分辨率也高，而不需表示许多细节的部分则分级少、分辨率低，因而既可精确表示图形结构又可减小存储量；③ 简单栅格到四叉树及四叉树到简单栅格结构的转换比其他压缩方法容易；④ 多边形中嵌套异类小多边形的表示较方便。

四叉树编码的最大缺点是转换的不确定性，即用同一形状和大小的多边形可能得出多种不同的四叉树结构，故不利于形状分析和模式识别。但因为它允许多边形中嵌套多边形即所谓"洞"这种结构存在，使越来越多的地理信息系统工作者都对四叉树结构很感兴趣。

四叉树结构按其编码方法的不同又分为常规四叉树和线性四叉树。

2.4.6　八叉树

八叉树结构就是将空间区域不断地分解为 8 个同样大小的子区域（即将一个六面的立方体再分解为 8 个相同大小的小立方体），分解的次数越多，子区域就越小，一直到同一区域的属性单一为止。按由下而上合并的方式来说，就是将研究区空间先按一定的分辨率将三维空间划分为三维栅格网，然后按规定的顺序每次比较 3 个相邻的栅格单元，如果其属性值相同则合并，否则就记录。依次递归运算，直到每个子区域均为单值。

八叉树同样可分为常规八叉树和线性八叉树。八叉树主要用来解决地理信息系统中的三维问题。

🔗 习题和思考题

1. 空间数据的基本特征是什么？

2. 举例说明空间数据的类型。

3. 什么是关联、邻接和包含？举例说明。

4. 什么叫矢量数据结构？什么叫栅格数据结构？二者有何区别？

5. 简述矢量数据结构的编码方式。

6. 举例说明游程长度编码的基本思路。

7. 四叉树编码有哪些优点？

8. 矢量数据结构与栅格数据结构相比较，各有何优缺点？

项目 3 空间数据的获取与处理

✏ 教学目标

通过本项目的学习，了解地理信息系统数据的来源，掌握空间数据的分类和编码方法、空间数据采集及录入后的处理方法和过程，理解空间数据质量及数据标准。

📋 思政目标

数据的获取与处理是建设 GIS 工程的基础工作，基于空间数据的来源不同，数据存在的类型和格式不同，故数据的获取方式也不同，环环相扣，论证严密，结构严谨，使学生明白精益求精的道理，培养学生认真踏实的学习态度和严谨的工作作风。

📑 项目案例

随着城市规模的迅速扩张和机动车保有量的持续增长，城市 B 面临着严峻的交通拥堵、停车难以及交通秩序混乱等问题。为了提升交通管理效率、优化交通资源配置、改善市民出行体验，城市交通管理部门决定借助 GIS 技术开展智慧交通项目，其中精准且高效的空间数据获取与处理工作成为项目的基石。

1. 空间数据获取

（1）基础地理信息数据：与城市测绘部门合作，获取涵盖城市全域的高精度地形图，包括道路中心线、边线、交叉口等详细矢量数据，明确道路等级（快速路、主干道、次干道、支路）、宽度、长度等属性；同时拿到地形地貌数据，如海拔信息，用于后续分析交通节点与地形关联影响（像陡坡路段对车速、刹车距离的潜在影响）。这些数据构成交通网络分析的基础骨架，为模拟车辆行驶路径、分析拥堵点位提供地理参照。

（2）交通流量数据：在城市主要路口、路段部署高清智能交通摄像头与地磁传感器，摄像头利用图像识别技术，实时捕捉过往车辆车牌、车型、车速等信息，地磁传感器精准感应车流量、车速、车辆停留时间等参数。不同时段（如早高峰、平峰、晚高峰、夜间等）持续采集数据，积累海量交通动态数据资源，每日新增有效流量数据超百万条，以此反映城市交通流量时空分布特征。

（3）停车场信息数据：一方面，通过与全市各类停车场（如商业停车场、小区停车场、公共停车场等）管理系统对接，获取停车场位置坐标（经纬度）、车位总数、空闲车位数、收费标准等详细数据，以矢量点数据标注各停车场在地图上位置，关联属性表展示具体运营信息；另一方面，利用移动采集车搭载激光扫描设备与定位系统，周期性巡查路边临时停车位，补充绘制车位轮廓、使用状态等信息，确保停车资源数据完整准确。

（4）公交地铁运营数据：从公交集团与地铁运营公司获取公交、地铁线路走向（以线要素表示）、站点位置（点要素）、发车频次、运行时间表等数据，整合后直观呈现公共交通网络覆盖度、换乘便利性，为优化公交线网布局、提高公共交通吸引力提供支撑。

2. 空间数据处理流程

（1）数据质量检查：针对海量采集数据，制定严格筛查规则。剔除交通摄像头因光线不佳、遮挡导致的错误车牌识别记录、异常车速值（如超过道路限速 2 倍以上不合理数据）；修正地磁传感器受强电磁干扰产生的流量偏差数据；排查停车场数据中坐标偏差、车位数量逻辑错误（如总车位数小于已停车辆数）等问题，确保数据的准确性与可靠性，经筛查后有效数据利用率提升至 90% 以上。

（2）数据格式统一与坐标转换：由于数据来源多样，格式不一（摄像头数据多为视频流解析文本格式、传感器提供的为二进制数据、测绘基础数据为 shapefile 等专业地理格式），利用专门的数据转换工具，将各类数据统一转换为 GIS 软件兼容的通用格式，并将不同坐标系（部分停车场数据为局部独立坐标系，基础测绘是城市统一坐标系）统一转换为国家大地坐标系（CGCS2000），保障数据在同一空间基准下得到无缝集成分析。

（3）数据集成与空间分析建模：在 GIS 平台中将筛查、转换后的数据依据地理空间位置关联集成，构建城市交通空间数据库。基于此开展深度空间分析，例如利用"网络分析"工具，结合道路矢量与交通流量数据，计算各路段拥堵指数（车流量/道路通行能力），渲染拥堵热力图直观展示拥堵高发区；通过"缓冲区分析"以公交站点、地铁站为中心生成步行可达范围（如半径 500 米），评估公共交通覆盖盲区，指导增设站点或新开线路；借助"叠加分析"综合停车场、道路禁停区数据，合理规划路内限时停车位，缓解周边停车难。

3. 项目实施成效

（1）交通拥堵缓解：依据拥堵热力图精准实施交通疏导策略（信号灯配时优化、可变车道设置等），城市干道平均车速提升 20%，早晚高峰拥堵时长缩短 30 分钟，通行效率显著增强。

（2）停车资源高效利用：通过实时车位信息共享平台（基于 GIS 地图可视化展示），引导驾驶员快速寻位，停车场平均空置率从 40% 降至 25%，路内停车周转率提高 50%，减少无效巡游找车位造成的交通流量。

（3）公共交通优化升级：基于覆盖盲区评估优化调整公交线路 20 余条，新增站点 50 多个，公共交通出行分担率提高 10 %，引导绿色出行，降低私人汽车使用频率，整体改善城市交通生态。

项目借助全面、精细的空间数据获取与科学高效的数据处理流程，充分挖掘数据价值，让 GIS 成为城市智慧交通"大脑"，助力破解复杂交通难题。

任务 3.1　地理信息系统数据的来源

3.1.1　地图数据

地图数据是 GIS 的主要数据源，因为地图包含着丰富的内容，不仅含有实体的类别和属性，而且含有实体间的空间关系。地图数据不仅可以作宏观的分析（使用小比例尺地图数据），而且可以作微观的分析（使用大比例尺地图数据）。在使用地图数据时，应考虑到地图投影所引起的变形，在需要时进行投影变换，或转换成地理坐标。

地图数据通常用点、线、面及注记来表示地理实体及实体间的关系，如：

点——居民点、采样点、高程点、控制点等；

线——河流、道路、构造线等；

面——湖泊、海洋、植被等；

注记——地名注记、高程注记等。

地图数据主要用于生成 DLG、DRG 或 DEM 数据。

3.1.2 遥感数据（影像数据）

遥感数据（影像数据）是 GIS 的重要数据源。遥感数据含有丰富的资源与环境信息，在 GIS 支持下，可以与地质、地球物理、地球化学、地球生物、军事应用等方面的信息进行信息复合和综合分析。遥感数据是一种大面积的、动态的、近实时的数据源，遥感技术是 GIS 数据更新的重要手段。遥感数据（影像数据）可以提取线划数据和生成数字正射影像数据、数字高程模型。

3.1.3 文本资料

文本资料是指各行业、各部门的有关法律文档、行业规范、技术标准、条文条例等，这些也属于 GIS 的数据。

3.1.4 统计资料

国家和军队的许多部门和机构都拥有不同领域（如人口、基础设施建设等）的大量统计资料，这些都是 GIS 的数据源，尤其是 GIS 属性数据的重要来源。

3.1.5 实测数据

野外试验、实地测量等获取的数据可以通过转换直接进入 GIS 的地理数据库，以便进行实时的分析和进一步的应用，如通过物探得到的地下管线数据。GPS（全球定位系统）所获取的数据也是 GIS 的重要数据源。

3.1.6 多媒体数据

多媒体数据（包括声音、视频等）通常可通过通信口传入 GIS 的地理数据库中，目前，其主要功能是辅助 GIS 的分析和查询。

3.1.7 已有系统的数据

GIS 还可以从其他已建成的信息系统和数据库中获取相应的数据。由于规范化、标准化的推广，不同系统间的数据共享和可交换性越来越强，这样，就拓展了数据的可用性，增强了数据的潜在价值。

上述这些数据经地理信息系统数字化和编辑后，形成不同格式和数据结构的数据集。数据集是一个结构化的相关数据的集合体，包括数据本身和数据间的联系。数据集独立于应用程序而存在，是数据库的核心和管理对象。因此，GIS 的主要数据集包括数字线划数据、数字扫描数据、影像数据、数字高程数据、属性数据（包括社会经济数据）以及专业领域数据等。

GIS 数据来源及其特点如图 3.1 所示。

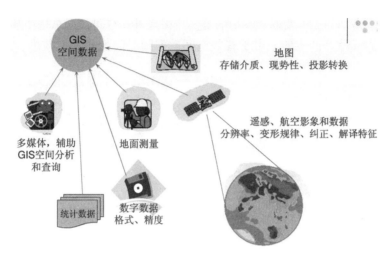

图 3.1 GIS 数据来源及其特点

任务 3.2 空间数据的分类与编码

3.2.1 空间数据的分类

在地理信息系统中，按照空间数据的特征，可将其分为三种类型：空间特征数据（定位数据）、专题特征数据（非定位数据）和时间特征数据（尺度数据）。

1. 空间特征数据

空间特征指空间物体的位置、形状和大小等几何特征以及与相邻物体的拓扑关系，空间特征又称为几何特征或定位特征。空间特征数据记录的是空间实体的位置、拓扑关系和几何特征，这是地理信息系统区别于其他数据库管理系统的标志。

空间位置可以由不同的坐标系统来描述，如经纬度坐标、一些标准的地图投影坐标或任意的直角坐标等。人类对空间目标的定位一般不是通过实体的坐标，而是确定某一目标与其他目标间的空间位置关系，而这种关系往往也是拓扑关系。

2. 专题特征数据

专题特征数据又称属性特征数据（非定位数据），是指地理实体所具有的各种性质，如变量、级别、数量特征和名称等，例如一条道路的属性包括路宽、路名、路面材料、路面等级、修建时间等。属性特征数据本身属于非空间数据，但它是空间数据中的重要数据成分，它同空间数据相结合才能表达空间实体的全貌。属性特征的量测是按属性等级的差异以及量度单位的不同进行的。

3. 时间特征数据

时间特征（时间尺度）是指地理实体的时间变化或数据采集的时间等，其变化的周期有超短期的、短期的、中期的、长期的等。严格地讲，空间数据总是在某一特定时间或时段内采集得到或计算产生的。由于有些空间数据随时间变化相对较慢，因而有时被忽略。有时，时间可以被看成一个专题特征。

3.2.2 空间数据的编码

属性是对物质、特性、变量或某一地理目标的数量和质量的描述指标。GIS 的属性数据即空间实体的特征数据，一般包括名称、等级、数量代码等多种形式。属性数据的内容有时直接记录在栅格或矢量数据文件中，有时则单独输入数据库存储为属性文件，通过关键码与图形数据相联系。

要输入属性库的属性数据，通过键盘即可直接键入。而要直接记录到栅格或矢量数据文件中的属性数据，则必须先进行编码，将各种属性数据变为计算机可以接受的数字或字符形式，便于 GIS 存储和管理。

下面主要从属性数据的编码原则、编码内容、编码方法方面加以说明。

1. 属性数据的编码原则

属性数据编码一般要基于以下几个原则：

（1）编码的系统性和科学性。编码系统在逻辑上必须满足所涉及学科的科学分类方法，以体现该类属性本身的自然系统性；另外，还要能反映出同一类型中不同级别的特点。一个编码系统能否有效运作，其核心问题就在于此。

（2）编码的一致性。一致性是指对象的专业名词、术语的定义等必须严格保证一致，对代码所定义的同一专业名词、术语必须是唯一的。

（3）编码的标准化和通用性。为满足未来有效的信息传输与交流，所制定的编码系统必须在尽可能的条件下实现标准化。

（4）编码的简洁性。在满足国家标准的前提下，每一种编码应以最小的数据量载负最大的信息量，这样，既便于计算机的存储和处理，又具有相当的可读性。

（5）编码的可扩展性。虽然代码的码位一般要求紧凑、经济、减少冗余代码，但应考虑到实际使用时往往会出现新的类型，需要加入编码系统中，因此编码的设置应留有扩展的余地，避免新对象的出现而使原编码系统失效，造成编码错乱现象。

2. 编码的方法

目前，较为常用的编码方法有层次分类编码法与多源分类编码法两种。

（1）层次分类编码法。此方法是以分类对象的从属和层次关系为排列顺序的一种编码方法。它的优点是能明确表示出分类对象的类别，代码结构有严格的隶属关系。

（2）多源分类编码法。此方法又称独立分类编码法，是指对于一个特定的分类目标，根据诸多不同的分类依据分别进行编码，各位数字代码之间并没有隶属关系。

任务 3.3　空间数据的获取

空间数据获取的任务是将现有的地图、外业观测成果、航空像片、遥感图像、文本资料等转换成 GIS 可以处理与接收的数字形式，通常要经过验证、修改、编辑等处理。数据获取是 GIS 项目经费中最昂贵的部分。据统计，GIS 中数据获取的费用是整个 GIS 代价的 50%~80%。空间数据采集是地理信息系统建设首先要进行的任务。不同数据的输入需要采用不同的设备和方法。

数据采集在 GIS 中的地位如图 3.2 所示。

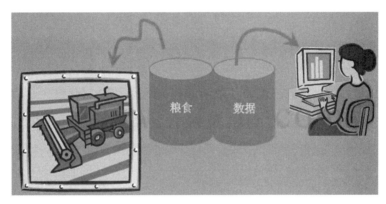

图 3.2　数据采集在 GIS 中的地位

3.3.1　属性数据采集

属性数据又称为语义数据、非几何数据，是描述空间实体属性特征的数据，包括定性数据和定量数据。定性数据用来描述要素的分类或对要素进行标明。

当属性数据的数据量较小时，可以在输入几何数据的同时，用键盘输入；但当数据较大时，一般与几何数据分别输入，并检查无误后转入数据库中。属性数据的录入有时也可以辅助于字符识别软件。

为了把空间实体的几何数据与属性数据联系起来，还必须在几何数据与属性数据之间建立公共标识符，标识符可以在输入几何数据或属性数据时手工输入，也可以由系统自动生成（如用顺序号代表标识符）。

当空间实体的几何数据与属性数据连接后，就可进行各种 GIS 的操作与运算了。当然，不论是在几何数据与属性数据连接之前或之后，GIS 都应提供灵活而方便的手段，以对属性数据进行增加、删除、修改等操作。

3.3.2　矢量数据的采集

在 GIS 的几何数据采集中，如果几何数据已存在于其他的 GIS 或专题数据库中，那么只要经过转换即可；对于由测量仪器获取的几何数据，只要把测量仪器的数据输入数据库即可，测量仪器如何获取数据的方法和过程通常是与 GIS 无关的，但也有许多 GIS 软件（如 MapGIS、SuperMap 等）带有测量制图模块，其图形数据可直接为 GIS 建库所用。对于矢量数据的获取，GIS 中采集矢量数据的常用方法主要有地图数字化及数字化测图等。

1. 手扶跟踪数字化仪输入

根据采集数据的方式，手扶跟踪数字化仪分为机械式、超声波式和全电子式三种，其中全电子式数字化仪精度最高，应用最广。按照其数字化版面的大小可分为 A_0、A_1、A_2、A_3、A_4 等。

数字化仪由电磁感应板、游标和相应的电子电路组成。

利用手扶跟踪数字化仪进行地图的数字化，一般要经过以下步骤：

（1）设置手扶跟踪数字化仪的通信参数。

（2）数字化。把待数字化的图件固定在图形输入板上，首先用鼠标输入图幅范围和多个控制点的坐标，随后即可输入图幅内各点、线的坐标。

通过手扶跟踪数字化仪采集的数据量小，数据处理的软件也比较完备，但由于数字化的速度比较慢，工作量大，自动化程度低，数字化的精度与作业员的操作有很大关系，所以，目前很多单位在大批量数字化时，已不再采用手扶跟踪数字化仪。

2. 扫描仪数字化输入

地图扫描数字化首先通过扫描仪将地图转换为栅格数据，然后采用对栅格数据矢量化的技术追踪出线和面，采用模式识别技术识别出点和注记，并根据地图内容和地图符号的关系，自动、半自动或人工给矢量数据赋属性值，建立数据库。

3. 数字化测图输入

现在常用的数字测图方式主要有以下两种模式：

（1）野外采集+软件绘图模式。利用全站仪或 GPS（如 RTK）外业采集地物的三维坐标，然后输入绘图软件绘制成电子地图，其产品本身就是矢量数据。

（2）数字摄影测量模式。对地表进行摄影测量以后，再利用专门的仪器和软件（如 JX4、VirtuoZo）在航片上采集三维坐标，生成电子地图。

3.3.3　栅格数据的采集

栅格数据是 GIS 的另一主要数据源。获取栅格数据的常用方法包括扫描输入、遥感影像输入、数据结构转换等。

扫描输入是通过扫描仪将地图等图件扫描成像并存储，成为数字栅格图的数据；遥感影像输入是利用遥感卫星上的传感器来收集地表物体发射（反射）的电磁波而生成的栅格图像，是 GIS 的重要数据源；数据结构转换是将矢量结构的数据直接转换成对应的栅格结构数据的过程。

任务 3.4　GIS 空间数据录入后的处理

数据的处理和解释是非常重要的环节。所谓数据处理，是指对数据进行收集、筛选、排序、归并、转换、检索、计算以及分析、模拟和预测等操作，其目的就是把数据转换成便于观察、分析、传输或进一步处理的形式，为空间决策服务。

尽管随着数据的不同和用户要求的不同，空间数据处理的过程和步骤也会有所不同，但其主要内容包括数据编辑、比例尺及投影变换、数据编码和压缩、空间数据类型转换以及空间数据插值等方面。

3.4.1　误差、错误检查与编辑

数据预处理主要是指对数据的误差或错误进行的检查与编辑。通过矢量数字化或扫描数字化所获取的原始空间数据，都不可避免地存在着误差或错误，属性数据在建库输入时，也难免会存在错误。

1. 误差及错误产生的原因

（1）空间数据不完整或重复。主要包括空间点、线、面数据的重复或丢失，区域中点的遗漏，栅格数据矢量化时出现断线等。

（2）空间位置不准确。主要表现在空间点位不准确、线段过长或过短、线段断裂、相邻多边形节点不重合等。

（3）空间数据的比例尺不准确。

（4）空间数据的变形。

（5）属性数据的不完整及录入时的人为错误。

2. 误差和错误消除的常用方法

（1）对照法。把数字化的地图以与纸质地图相同的比例尺绘在透明材料上，然后与原图叠合在一起，在透光桌上仔细地观察和比较，将数字化过程中出现遗漏及位置偏移的地方标注出来，以便进行纠正和完善。

（2）目视检查法。在屏幕上用目视检查，检查一些明显的数字化误差和错误，包括对在数字化过程中出现的线段过长或过短、线段断裂、相邻多边形节点不重合的地方进行修改纠正等。

（3）拓扑分析法。现在很多 GIS 软件都提供了空间拓扑分析功能，方便用户对地理空间数据进行拓扑错误检查和处理，包括去除冗余顶点、悬线、重复线、碎多边形的检查、显示和清除，节点类型（普通节点、假节点）识别，弧段交叉和自交叉，长悬线延伸，假节点合并，多边形建立，网络关系建立等。

对于空间数据的不完整和误差，主要是利用 GIS 的图形编辑工具，如编辑、修改等功能来修改。

3. 图形数据的编辑

不管用什么方式，也不管有多么小心，新创建的数字化图层总会有一些错误。地图数字化后存在的问题有的是数字化错误造成的，有的是因为数据结构定义所必须修改的，它们是数据库建库必要的工作内容。进行图形数据的编辑，就是为了解决这些问题，以满足数据库建库的需要。

（1）节点的编辑。节点是线（弧段）的端点，在 GIS 中有着重要地位。常见的编辑问题如图 3.3 所示。通过移动节点或节点黏合，可以解决图 3.3（a）、图 3.3（d）、图 3.3（f）等问题。伪节点是同一条弧段之间的多余节点，删除即可，或者将两段弧段合并。节点超出可以通过移动节点或删除悬挂弧段解决。

（2）线（弧）的编辑。对于直线悬空相交问题，在早期的 GIS 中需通过增加节点解决。在面向对象的系统中，可以不处理。删除节点、增加节点均会改变线的形状。跑线问题则需要通过重新数字化进行处理。

（3）多边形编辑。碎多边形问题一般需要重新数字化，不严重时，可取中线。奇异多边形需要先打断弧段，再删除多余部分。对于多余小多边形，删除即可。对于如图 3.3（m）、图 3.3（n）、图 3.3（o）所示的情况，一般执行编辑软件的相应功能即可解决。

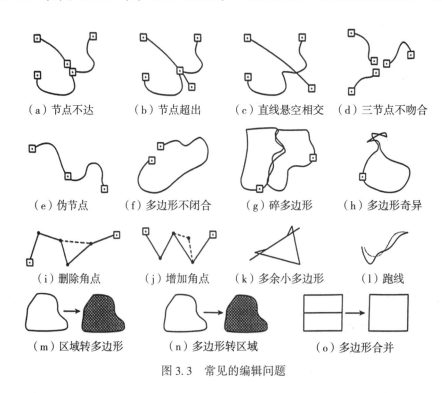

（a）节点不达　　（b）节点超出　　（c）直线悬空相交　　（d）三节点不吻合

（e）伪节点　　（f）多边形不闭合　　（g）碎多边形　　（h）多边形奇异

（i）删除角点　　（j）增加角点　　（k）多余小多边形　　（l）跑线

（m）区域转多边形　　（n）多边形转区域　　（o）多边形合并

图 3.3　常见的编辑问题

总之，编辑遇到的图形问题可能是复杂的，它们并不能明显被区分是点、线或面的问题，需要一系列的操作才能解决。

4. 文本数据的编辑

文本数据主要是属性表数据和注记数据。对属性表数据的编辑主要是查找属性错误并改正。对注记数据的编辑主要是检查注记的错误、注记文本的字形、风格等。属性表数据的错误主要通过属性查询检查，如分类码的错误可通过分类检索和符号、颜色填充发现。

3.4.2　图形数据的几何变换

地图在数字化时可能产生整体的变形，归纳起来，主要有仿射变形、相似变形和透视变形。图纸的变形常常产生前两种变形，直接从没有经过几何变换的航空影像上提取的图形信息会产生透视变形。另外一种情况是，在新创建的数字化地图中，数字化设备的度量单位与地图的真实世界坐标（测量坐标）单位一般不会一致，需要进行从设备坐标到真实世界坐标的转换。当纠正这些变形，或把数字化仪坐标、扫描影像坐标变换到投影坐标系，或两种不同的投影坐标系之间进行变换时，需要进行相应的坐标系统变换，这个过程统称为坐标几何变换。

3.4.3 图形拼接

在对底图进行数字化以后，由于图幅比较大或者使用小型数字化仪时难以将研究区域的底图以整幅的形式来完成，这时需要将整个图幅划分成几部分分别输入。在所有部分都输入完毕并进行拼接时，常常会有边界不一致的情况，需要进行边缘匹配处理，如图 3.4 所示。边缘匹配处理类似于下面提及的悬挂节点处理，可以由计算机自动完成，或者辅助以手工半自动完成。

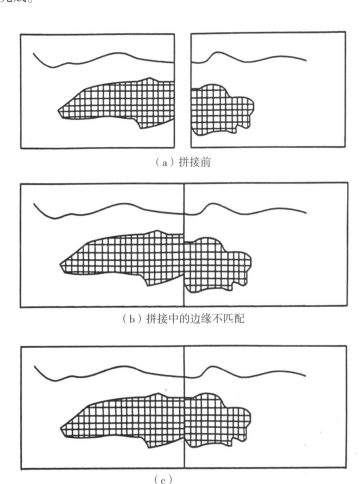

（a）拼接前

（b）拼接中的边缘不匹配

（c）

图 3.4 图像拼接

除了图幅尺寸的原因，在 GIS 实际应用中，由于经常要输入标准分幅的地形图，也需要在输入后进行拼接处理，这时，一般需要先进行投影变换，通常的做法是从地形图使用的高斯——克里金投影转换到经纬度坐标系中，然后再进行拼接。

3.4.4　数据格式转换

不同格式的图形数据在转换过程中，由于图形数据的结构表示方法及转换算法不尽相同，会产生误差，如在一种数据格式中显示的同一地物，经转换后，其地理位置可能发生偏移。纠正数据转换误差的方法是提高转换程序算法的准确性和对数据结构表示的兼容性。

数据格式的转换一般分为两大类，第一类是不同数据介质之间的转换，第二类是数据结构之间的转换，而数据结构之间的转化又包括同一数据结构不同组织形式间的转换和不同数据结构间的转换。

3.4.5　投影变换

把从不同投影类型地图上采集的数据统一到同一投影类型中，或根据实际需要生成另一种投影类型的地图，都要涉及投影变换。

3.4.6　拓扑关系的自动生成

在对图形数字化时，无论是采用手扶跟踪数字化仪还是扫描矢量化仪，完成后，大多数地图需要建立拓扑，以正确判别地物之间的拓扑关系。

1. 拓扑关系建立前的图形数据检查

在建立拓扑关系的过程中，一些在数字化输入过程中的错误需要被改正；否则，建立的拓扑关系将不能正确地反映地物之间的关系。

在地图数字化过程中容易出现的错误包括：

（1）遗漏某些实体。

（2）某些实体被重复录入。主要表现在利用数字化仪等方法获取矢量数据时，容易造成对象的重复录入和遗漏。

（3）定位不准确。包括数字化仪分辨率造成的定位误差和人为操作造成的误差，如在使用手扶跟踪数字化仪过程中手的抖动、两次录入之间图纸的移动造成的位置不准确，在使用手扶跟踪数字化仪过程中难以实现完全精确的定位等，如图 3.5（a）、图 3.5（b）所示。

数字化获得的地图中，错误的具体表现如图 3.5 所示：

（1）伪节点。伪节点使一条完整的线变成两段。造成伪节点的原因常常是没有一次性录入完一条线。

（2）悬挂节点。如果一个节点只与一条线相连接，那么该节点称为悬挂节点。悬挂节点有多边形不封闭、不及或过头、节点不重合等几种情形。

（3）碎屑多边形或条带多边形。条带多边形一般由重复录入所引起。另外，用不同比例尺的地图进行数据更新，也可能产生碎屑多边形。

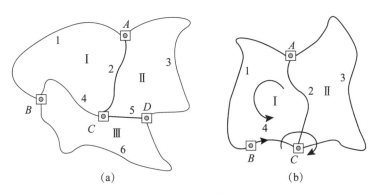

图 3.5　多边形拓扑建立的过程

（4）不正规的多边形。不正规的多边形是由输入线时，点的次序倒置或者位置不准确引起的。在进行拓扑生成时，同样会产生碎屑多边形。

这些错误一般会在建立拓扑的过程中发现，需要进行编辑和修改。一些错误，如悬挂节点，可以在编辑的同时，由软件自动修改，通常的实现办法是设置一个"捕获距离"，当节点之间或节点与线之间的距离小于此数值后，即自动连接，而其他的错误则需要进行手工编辑和修改。

2. 建立多边形拓扑关系

图形修改完毕，就意味着可以建立正确的拓扑关系了。拓扑关系可以由计算机自动生成。目前，大多数 GIS 软件也提供了完善的拓扑功能。

如果使用 DIME 或者类似的编码模型，多边形拓扑关系的表达需要描述以下实体之间的关系：

（1）多边形的组成弧段；

（2）弧段左右两侧的多边形，弧段两端的节点；

（3）节点相连的弧段。

多边形拓扑的建立过程实际上就是确定上述的关系。具体的拓扑建立过程与数据结构有关，但是其基本原理是一致的。

任务 3.5　空间数据的质量与数据标准化

GIS 的数据质量是指 GIS 中空间数据在表达空间位置、属性和时间特征时所能达到的准确性、一致性、完整性以及三者统一的程度。GIS 中数据质量的优劣决定着系统分析质量以及整个应用的成败，地理信息系统的价值在很大程度上取决于系统内所包含数据内容的数量与质量。

3.5.1　空间数据质量问题的产生

从空间数据的形式表达到空间数据的生成，从空间数据的处理变换到空间数据的应用，在这两个过程中都会有数据质量问题的发生。下面按照空间数据自身存在的规律性，从几个方面来阐述空间数据质量问题的来源。

1. 空间现象自身存在的不稳定性

空间数据质量问题首先来源于空间现象自身存在的不稳定性，主要表现在空间现象在空间、时间及属性内容上的不确定性。空间现象在空间上的不确定性是指其在空间位置分布上的不确定性变化；在时间上的不确定性表现为其在发生时间段上的游移性；在属性上的不确定性表现为属性类型划分的多样性、非数值型属性值表达的不精确性。因此，空间数据存在质量问题是不可避免的。

2. 空间现象的表达

空间数据是对现实世界中空间特征和过程的抽象表达。由于现实世界的复杂性和模糊性以及人类认识和表达能力的局限性，这种抽象表达总是不可能完全达到真值，而只能在一定程度上接近真值，从这种意义上讲，数据质量发生问题也是不可避免的。例如，在地图投影中，由椭球体到平面的投影转换必然产生误差。

3. 空间数据处理中的误差

对空间数据的处理，在投影变换、地图数字化、数据格式转换、数据抽象、建立拓扑关系、数据叠加操作和更新、数据集成处理、数据的可视化表达等过程中都会产生误差。

4. 空间数据使用中的误差

在空间数据使用的过程中也会导致误差的出现，主要包括两个方面：一是对数据解释过程，二是缺少文档。对于同一种空间数据来说，不同用户对它内容的解释和理解可能不同，处理这类问题需要与空间数据相关的文档说明，如元数据等。

3.5.2　研究空间数据质量问题的目的和意义

GIS 数据质量研究的目的是建立一套空间数据的分析和处理体系，包括误差源的确定、误差的鉴别和度量方法、误差传播的模型、控制和削弱误差的方法等，使未来的 GIS 在提供产品的同时，附带提供产品的质量指标，即建立 GIS 产品的合格证制度。

3.5.3　数据质量的基本概念

在论及数据质量的好坏时，人们常常使用误差或不确定性的概念，数据质量问题很大程度上可以看作数据误差问题，而描述误差最常用的概念是准确度和精密度。

1. 准确度

数据的准确度被定义为测定的结果与真实值之间的接近程度。空间数据的准确性经常是根据所指的位置、拓扑或非空间属性来分类的，可用误差来衡量。

2. 精密度

数据的精密度是指数据表示的精密程度，即数据表示的有效位数。由于精密度的实质在于它对数据准确度的影响，同时在很多情况下，它可以通过准确度而得到体现，故常把二者结合在一起称为精确度，简称精度。

3. 空间分辨率

分辨率是两个可测量数值之间最小的可辨识的差异。空间分辨率可以看作记录变化的最小距离。在一个图形扫描仪中，最细的物理分辨率从理论上讲是由设施的像元之间的分离来确定的。

4. 比例尺精度

比例尺精度定义为地图上 0.1mm 所代表的实地水平距离，是地图表示的极限。例如，在一个 1∶10000 比例尺的地图上，一条 0.1mm 宽度的线对应着 1m 的地面距离，因此，也就不可能表示宽度小于 1m 的现象或特征，要么舍弃，要么综合。

5. 误差

测量值与真值之间的差异称为误差。误差研究包括：位置误差，即点的位置的误差、线的位置的误差和多边形的位置的误差；属性误差；位置和属性误差之间的关系。

6. 不确定性

不确定性是关于空间过程和特征不能被准确确定的程度，是自然界各种空间现象自身固有的属性。GIS 的不确定性包括空间位置的不确定性、属性不确定性、时域不确定性、逻辑上的不一致性以及数据的不完整性。

3.5.4　空间数据质量标准

GIS 使用数字化空间数据，因而便关系到数字制图数据的标准。

空间数据质量标准要素及其内容如下：

（1）数据情况说明：要求对地理数据的来源、数据内容及其处理过程等做出准确、全面和详尽的说明。

（2）位置精度或定位精度：是指空间实体的坐标数据与实体真实位置的接近程度，常表现为空间三维坐标数据精度，包括数学基础精度、平面精度、高程精度、接边精度、形状再现精度（形状保真度）、像元定位精度（图像分辨率）等。平面精度和高程精度又可分为相对精度和绝对精度。

（3）属性精度：是指空间实体的属性值与其真值相符的程度，通常取决于地理数据的类型，且常常与位置精度有关，包括要素分类与代码的正确性、要素属性值的准确性及其名称的正确性等。

（4）时间精度：是指数据的现势性，可以通过数据更新的时间和频度来表现。

（5）逻辑一致性：是指地理数据关系上的可靠性，包括数据结构、数据内容（包括空间特征、专题特征和时间特征）以及拓扑性质上的内在一致性。

（6）完整性：是指地理数据在范围、内容及结构等方面满足要求的完整程度，包括数据范围、空间实体类型、空间关系分类、属性特征分类等方面的完整性。

（7）表达形式合理性：主要是指数据抽象、数据表达与真实地理世界的吻合性，包括空间特征、专题特征和时间特征表达的合理性等。

3.5.5　空间数据质量评价标准

空间数据质量标准的建立，必须考虑空间过程和现象的认知、表达、处理、再现等全过程。在质量评定过程中，一般来说，数据的精度或准确度越高越好，但在实际应用中却不能一概而论，应根据具体需求来评定数据的质量。

空间数据质量的评价就是用空间数据质量标准要素对数据所描述的空间、专题和时间特征进行评价。

3.5.6　常见空间数据的误差分析

空间数据误差的来源是多方面的，根据空间数据处理的过程，误差来源见表 3-1。

表 3-1　　　　　　　　　　　　　　　数据的主要误差来源

数据处理过程	主要误差来源
数据采集	地面测量误差：仪器、环境、操作者 遥感数据误差：辐射和几何纠正误差、信息提取误差等 地图数据误差：原始数据误差、坐标转换、制图综合及印制
数据输入	数字化误差：仪器误差、操作误差 不同系统格式转换误差：栅格-矢量转换、三角网-等值线转换
数据存储	数值精度不够：计算机字长不够 空间精度不够：每个格网点太大、地图最小制图单元太大
数据处理	拓扑分析引起的误差：逻辑错误、地图叠置操作误差 分类与综合引起的误差：分类方法、分类间隔、内插方法 多层数据叠合引起的误差传播：插值误差、多源数据综合分析误差 比例尺大小引起的误差
数据输出	输出设备不精确引起的误差 输出的媒介不稳定造成的误差
数据适用	对数据所包含信息的误解造成的误差 对数据信息使用不当造成的误差

3.5.7　空间数据质量的控制

1. 空间数据质量控制的常见方法

空间数据质量的控制是个复杂的过程。要控制数据质量，应从数据质量产生和扩散的所有过程和环节入手，分别用一定的方法减少误差。空间数据质量控制常见的方法有如下几种：

（1）传统的手工方法。手工方法主要是将数字化数据与数据源进行比较，图形部分的检查包括目视方法；绘制到透明图上，与原图叠加、比较；属性部分的检查采用与原属性逐个对比或其他的比较方法。

（2）元数据方法。元数据中包含了大量的有关数据质量的信息，通过它可以检查数据质量。同时，元数据也记录了数据处理过程中质量的变化，通过跟踪元数据，可以了解数据质量的状况和变化。

（3）地理相关法。用空间数据的地理特征要素自身的相关性来分析数据的质量。例如，从地表自然特征的空间分布着手分析，山区河流应位于微地形的最低点，因此，在叠加河流和等高线两层数据时，若河流的位置不在等高线的外凸连线上，则说明两层数据中必有一层数据有质量问题，如不能确定哪层数据有问题，则可以通过将它们分别与其他质量可靠的数据层叠加来进一步分析。

2. 空间数据质量控制的内容

数据质量控制应体现在数据生产和处理的各个环节。下面以地图数字化生成地图数据过程为例，说明数据质量控制的内容。

（1）数据预处理工作。主要包括对原始地图、表格等的整理、清绘。对于质量不高的数据源，如散乱的文档和图面不清晰的地图，通过预处理工作不但可减少数字化误差，还可提高数字化工作的效率。

（2）数字化设备的选用。根据手扶跟踪数字化仪、扫描仪等设备的分辨率和精度等有关参数挑选设备，这些参数应不低于设计的数据精度要求。

（3）数字化对点精度（准确性）。这是指数字化时数据采集点与原始点重合的程度，一般要求数字化对点误差应小于 0.1mm。

（4）数字化限差。限差的最大值分别规定如下：采点密度 0.2mm、接边误差 0.02mm、接合距离 0.02mm、悬挂距离 0.007mm、细化距离 0.007mm、纹理距离 0.0lmm。

（5）接边误差控制。通常当相邻图幅对应要素间的距离小于 0.3mm 时，可移动其中一个要素，以使两者接合；当这一距离在 0.3mm 与 0.6mm 之间时，两要素各自移动一半距离；若距离大于 0.6mm，则按一般制图原则接边，并做记录。

（6）数据的精度检查。主要检查输出图与原始图之间的点位误差。一般对直线地物和独立地物，这一误差应小于 0.2mm；对曲线地物和水系，这一误差应小于 0.3mm；对边界模糊的要素，这一误差应小于 0.5mm。

空间数据的采集与处理工作是建立 GIS 的重要环节，了解 GIS 数字化数据的质量与不确定性特征，最大限度地纠正所产生的数据误差，对保证 GIS 分析应用的有效性具有重要意义。

3.5.8 空间数据的标准

因为空间数据是 GIS 的基础，所以关于数据方面的标准是非常重要的，也是目前 GIS

标准化工作的重点。数据标准主要包括数据交换、数据质量和数据说明文件三方面的内容。

1. 数据交换标准

数据交换是将一种数据格式转换成为另外某种数据格式的技术。简单地说，它是一种专门的中间媒介转换系统。这类标准往往涉及环境要素的描述、分类、编码等方面的内容，美国的空间数据转换规范（SDTS）和欧洲的地理数据文件（GDF）均属这类标准。

2. 数据精度标准

在应用过程中，用户都希望获得现时的、完整而准确的数据。每个部门对数据的精度、流通性、完整性以及其他方面的要求是不同的，即便在同一单位，不同的应用项目对数据的精度要求也不相同。所以，很难以某种数据阈值来确定统一的精度标准，现在的做法是采用"数据质量报告"的概念来描述所了解的数据精度，如 SDTS 就采用数据质量报告对空间数据的一些要素进行描述，包括空间数据精度、属性数据精度、逻辑一致性、数据完整性等。具体包括下列内容：

（1）数据精度：

数据的世袭性：数据来源、获取数据的方法、转换方法、控制点等；

数据位置精度；

属性精度；

数据的逻辑一致性；

数据的完备性；

数据的时效性。

（2）精度类型（包括空间精度和属性精度）：

数据采集中的误差（总误差、任意误差、系统误差等）；

数据采集后阶段出现的误差（绘图控制误差、编辑误差、编辑错误、地图生成错误、要素定义错误、数字化或扫描误差等）。

（3）精度标准：数据采集受精度制约，对于测量精度，各国均制定了自行的标准，如美国的国家测量精度标准，我国也制定了多种测量精度标准。然而，要制定包括 GIS 各个方面的精度标准，如数字化、编辑、绘图、属性、数据转换等，仍是一件非常艰巨的任务。

3. 元数据标准

元数据是用于描述数据的数据，用以描述数据集或数据库的内容、数据的组织形式、数据的存取方式等。元数据还包括数据质量和转换的相关信息。

元数据有三种用途：一是作为数据的目录，提供数据集内容的摘要，类似于图书馆中的图书卡；二是有助于数据共享，提供数据集或数据库转换和使用所需要的数据内容、形式、质量方面的信息；三是内部文件记录，用以记录数据集或数据库的内容、组织形式、维护和更新等情况。

习题和思考题

1. 简述空间数据的特征和分类。

2. 空间数据的主要数据源有哪些？

3. 简述属性数据的编码原则、内容及方法。

4. 简述矢量数据和栅格数据的录入方法。

5. 何为拓扑关系？空间数据的拓扑关系主要有哪几种？

项目 4 空间数据库应用

教学目标

通过本项目的学习，初步了解空间数据库的概念、特点与设计，弄清数据库系统的数据模型有哪些以及什么是 GIS 中的空间数据库数据模型。

思政目标

领土完整守护层面：空间数据库常存储海量地理空间数据，其精确的坐标信息（国界、省界、海岸线等地理要素的详细点位）是国家领土主权的数字化呈现。在教学中，列举我国对南海诸岛礁等海域地理信息的精准测绘与数据库存档管理，历经长期科考、测量工作积累，彰显我国对固有领土无可争辩的主权，强化学生维护国家领土完整的使命感，明白每一份地理数据背后的家国分量。

数据安全保密维度：军事设施、战略要地等敏感区域的地理数据一旦被泄露，会严重危及国家安全。通过讲述因非法窃取、售卖涉密空间数据引发安全风险的真实案例，在课程中深入剖析《保守国家秘密法》相关条款对空间数据库运维的约束，培养学生严守数据保密底线、防范境外数据间谍渗透的警惕性与责任心。

项目案例

某地区经济高速发展，用电需求持续攀升，电力公司管辖范围内的电网规模不断扩大，涵盖发电站、变电站、输电线路、配电设施等诸多要素，分布广泛且复杂。传统的电力设施管理方式依赖纸质图纸和分散的电子表格记录，信息更新滞后，查询不便，难以直观展现设施间的空间关联，无法满足高效规划、精准运维及快速故障响应的需求。因此，决定搭建基于 GIS 空间数据库的电力管理系统，以提升管理效能。

1. GIS 空间数据库设计与搭建

（1）数据分层与组织架构：按照电力设施类型与管理逻辑，将空间数据库划分为多个图层。例如，"发电站层"以点要素存储各发电站地理位置、装机容量、发电类型（火电、水电、风电等）等属性；"变电站层"同样以点形式记录变电站坐标、电压等级、主变容量；"输电线路层"借助线要素展现线路走向、起止点、电压、导线型号等信息；"配电设施层"包含配电箱、电线杆等，详细记录设备编号、位置、服务区域等。各图层通过唯一标识码关联，便于协同管理与综合查询。

（2）数据采集与录入：针对已有电力设施，组织专业团队实地勘查，利用 GPS 设备精确测量设施坐标，结合设备铭牌、运维记录收集属性数据，经整理校验后录入数据库。例如，某 500kV 变电站实地定位后，详细登记站内 3 台主变压器容量分别为 750MVA 以及各自的运行起始年份、最近检修日期等关键信息。

对于新建电力项目，与工程设计部门协同，直接从设计图纸（CAD 格式）经格式转换、坐标校准后提取设施空间及属性数据，实时同步到空间数据库，确保数据时效性，保障数据库对电网全生命周期覆盖。

2. 空间数据库应用场景与功能实现

（1）电力设施规划辅助决策：基于空间数据库丰富的数据，结合地区土地利用规划（从国土部门获取，以不同图层展示居住、工业、农业等用地类型）、地形地貌（数字高程模型展现海拔、坡度，识别建设适宜区）、人口密度分布（统计部门数据空间化呈现）开展综合分析。运用"缓冲区分析"围绕现有变电站生成不同电压等级供电范围，对比负荷预测数据，精准定位供电薄弱区，指导新建变电站选址，确保供电均衡与可靠性；利用"叠加分析"评估输电线路路径穿越生态保护红线、城市建成区等敏感区域情况，优化选线方案，降低建设与环保冲突的风险。

（2）运维管理与故障抢修：在日常运维中，运维人员借助移动 GIS 终端实时获取设备位置与状态信息，通过数据库推送的预警信息（基于设备运行时长、温度监测等设定阈值触发），及时发现隐患。一旦发生故障，系统依据故障点位置（智能电表、监控终端上报坐标），结合道路网络（交通图层集成）、电力设施分布，迅速通过"网络分析"规划最优抢修路线，调配周边抢修资源（车辆、人员、备件），大幅缩短停电时间，提升供电稳定性。

（3）可视化展示与公众服务：利用 GIS 空间数据库搭建面向公众的电力地图网站与手机应用，可视化展示电力设施分布、计划停电区域（提前发布通知并在地图上标注停电时间、范围）、电费缴纳网点等信息，方便居民了解用电环境、合理安排生活，增强电力服务透明度与公众满意度。

3. 项目成效

（1）规划的科学性提升：新建电力设施选址与线路规划合理性从以往的以经验判断为主转变为用数据支撑定量分析，项目前期论证周期缩短 30%，建成后供电可靠性指标提升 20%，有效支撑了地区发展用电需求。

（2）运维效率飞跃：故障平均抢修时间从原来的 2 小时降至 1 小时以内，设备巡检计划执行准确率达 95% 以上，运维成本降低 15%，保障电网平稳运行。

（3）社会满意度增强：公众对电力服务投诉率因信息公开透明、停电管理优化降低 60%，助力电力企业树立良好社会形象，实现了经济效益与社会效益的双丰收。

该项目借助 GIS 空间数据库整合、管理、分析电力数据优势，重塑电力设施管理全流程，彰显了地理信息技术在基础设施领域的深度应用价值。

任务 4.1　数据库的认识

4.1.1　数据库的定义

数据库就是为了一定的目的，在计算机系统中以特定的结构组织、存储和应用的相关联的数据集合。

计算机对数据的管理经过了三个阶段——最早的程序管理阶段，后来的文件管理阶段，现在的数据库管理阶段。其中，数据库是数据管理的高级阶段，它与传统的数据管理相比有许多明显的差别。

4.1.2 数据库的主要特征

数据库方法与文件管理方法相比，具有更强的数据管理能力。数据库具有以下主要特征：

1. 数据集中控制特征

在文件管理方法中，文件是分散的，每个用户或每种处理都有各自的文件，不同的用户或处理的文件一般是没有联系的，因而就不能为多用户共享，也不能按照统一的方法来控制、维护和管理。数据库很好地克服了这一缺点，数据库集中控制和管理有关数据，以保证不同用户和应用可以共享数据。

2. 数据冗余度小的特征

冗余是指数据的重复存储。在文件方式中，数据冗余大。冗余数据的存在有两个缺点：一是增加了存储空间，二是易出现数据不一致。在数据库中应该严格控制数据的冗余度。在有冗余的情况下，对数据进行更新和修改，必须保证数据库内容的一致性。

3. 数据独立性特征

数据独立是数据库的关键性要求。数据独立是指数据库中的数据与应用程序相互独立，即应用程序不因数据性质的改变而改变；数据的性质也不因应用程序的改变而改变。

4. 复杂的数据模型

数据模型能够表示现实世界中各种各样的数据组织以及数据间的联系。复杂的数据模型是实现数据集中控制、减少数据冗余的前提和保证。采用数据模型是数据库方法与文件管理方法的一个本质差别。

5. 数据保护特征

数据保护对数据库来说是至关重要的，一旦数据库中的数据遭到破坏，就会影响数据库的功能，甚至使整个数据库失去作用。数据保护主要包括四个方面的内容：安全性控制、完整性控制、并发控制、故障的发现和恢复。

4.1.3 数据库的系统结构

数据库的基本结构可以分成三个层次：物理级、概念级和用户级。

（1）物理级。物理级是数据库最内的一层。它是物理设备上实际存储的数据集合（物理数据库）。它是由物理模式（也称内部模式）描述的。这些数据是原始数据，是用户加工的对象，由内部模式描述的指令操作处理的位串、字符和字组成。

（2）概念级。数据库的逻辑表示，包括每个数据的逻辑定义以及数据间的逻辑联系。它是由概念模式定义的，这一级也被称为概念模型。它是数据库数据中的中间层，指出了每个数据的逻辑定义及数据间的逻辑联系，是存储记录的集合。

（3）用户级。用户所使用的数据库，是一个或几个特定用户所使用的数据集合（外部模型），是概念模型的逻辑子集。它由外部模式定义。

数据库不同层之间的联系是通过映射进行转换的，数据库管理系统的一个重要任务就是完成三个数据层之间的映射。

4.1.4　数据库管理系统

1. 数据库管理系统的主要功能

数据库管理系统是处理数据库存取和各种管理控制的软件，它不仅面向用户，还面向系统。数据库管理系统的功能随系统的不同而不同，但一般具有下列主要功能：

（1）定义数据库。用户设计出数据库的框架，并从用户、概念和物理三个不同观点出发定义一个数据库，把各种原模式翻译成机器的目标模式存储到系统中。

（2）管理数据库。在已定义的数据库上，按严格的数据定义装入数据，存储到物理设备上，接收、分析和执行用户提出的访问数据库的请求，实现数据的完整性、有效性及并发控制等功能。

（3）维护数据库。这是面向系统的功能，包括对数据库性能的分析和监督，对数据库的重组织和整理等。

（4）数据库通信功能。包括与操作系统的接口处理，同各种语言的接口以及同远程操作的接口处理。

2. 数据库管理系统的组成

数据库管理系统实际上是很多程序的集合，它主要由下列几个部分组成：

（1）系统运行控制程序。用于实现对数据库的操作和控制，它包括系统总的控制程序、存取保密控制程序等。

（2）语言处理程序。主要实现数据库定义、操作等功能程序，包括数据库语言的编译程序、主语言的预编译程序、数据操作语言处理程序及终端命令解译程序等。

（3）建立和维护程序。主要实现数据的装入、故障恢复和维护，包括数据库装入程序、性能统计分析程序、转储程序、工作日志程序及系统恢复和重启动程序等。

4.1.5　数据词典

数据词典（data dictionary，DD）用来定义数据流图中的各个成分的具体含义，对数据流图中出现的每一个数据流、文件、加工给出详细定义。数据字典主要有四类条目：数据流、数据项、数据存储、基本加工。数据项是组成数据流和数据存储的最小元素。

数据词典存放数据库中有关数据资源的文件说明、报告、控制及检测等信息，大部分是对数据库本身进行监控的基本信息，所描述的数据范围包括数据项、记录、文件、子模式、模式、数据库、数据用途、数据来源、数据地理方式、事务作业、应用模块及用户等。

在数据词典中对数据所做的规范说明应包括以下内容：

（1）符号：给每一数据项一个具有唯一性的简短标签；

（2）标志符：标志数据项的名字，具有唯一性；

（3）注解信息：描述每一数据项的确切含义；

（4）技术信息：用于计算机处理，包括数据位数、数据类型、数据精度、变化范围、存取方法、数据处理设备以及数据处理的计算机语言等；

（5）检索信息：列出各种起检索作用的数据数值清单、目录。

4.1.6 数据组织方式

数据是现实世界中信息的载体，是信息的具体表达形式。为了表达有意义的信息内容，数据必须按照一定的方式进行组织和存储。数据库中的数据组织一般可以分为四级：数据项、记录、文件和数据库。

（1）数据项。是可以定义数据的最小单位，也叫元素、基本项、字段等。数据项与现实世界实体的属性相对应。数据项有一定的取值范围，称为域。域以外的任何值对该数据项都是无意义的。

（2）记录。由若干相关联的数据项组成。记录是应用程序输入-输出的逻辑单位

（3）文件。文件是一给定类型的（逻辑）记录的全部具体值的集合。文件用文件名称标识。

（4）数据库。是比文件更大的数据组织。数据库是具有特定联系的数据的集合，也可以看成具有特定联系的多种类型的记录的集合。

4.1.7 数据间的逻辑联系

数据间的逻辑联系主要是指记录与记录之间的联系。实体之间存在着一种或多种联系，这样的联系必然要反映到记录之间的联系上来。数据之间的逻辑联系主要有如下三种。

1. 一对一的联系

如果对于实体集 A 中的每一个实体，实体集 B 中有且只有一个实体与之联系，反之亦然，则称实体集 A 与实体集 B 具有一对一联系。例如，一所学校只有一个校长，一个校长只在一所学校任职，校长与学校之间的联系是一对一的联系。一对一的联系如图 4.1 所示。

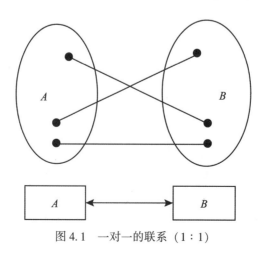

图 4.1　一对一的联系（1∶1）

2. 一对多的联系

如果对于实体集 A 中的每一个实体，实体集 B 中有多个实体与之联系；反之，对于实体集 B 中的每一个实体，实体集 A 中至多只有一个实体与之联系，则称实体集 A 与实体集 B 有一对多的联系。例如，一所学校有许多学生，但一个学生只能就读于一所学校，所以学校和学生之间的联系是一对多的联系。一对多的联系如图 4.2 所示。

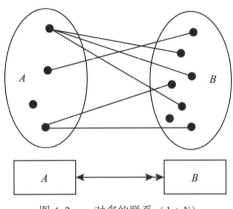

图 4.2　一对多的联系（1∶N）

3. 多对多的联系

如果对于实体集 A 中的每一个实体，实体集 B 中有多个实体与之联系，而对于实体集 B 中的每一个实体，实体集 A 中也有多个实体与之联系，则称实体集 A 与实体集 B 有多对多的联系。例如，一个读者可以借阅多种图书，任何一种图书可以为多个读者所借阅，所以读者和图书之间的联系是多对多的联系。多对多的联系如图 4.3 所示。

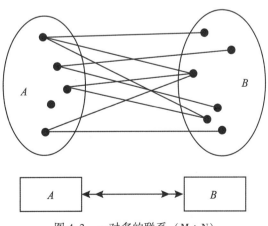

图 4.3　一对多的联系（M∶N）

任务 4.2 数据库系统的数据模型

数据模型是数据库系统中关于数据和联系的逻辑组织的形式表示。每一个具体的数据库都由一个相应的数据模型来定义。每一种数据模型都以不同的数据抽象与表示能力来反映客观事物，都有其不同的处理数据联系的方式。数据模型的主要任务就是研究记录类型之间的联系。

目前，数据库领域采用的数据模型有层次模型、网络模型和关系模型，其中应用最广泛的是关系模型。

4.2.1 层次模型

层次模型是数据库系统中最早出现的数据模型，层次数据库系统的典型代表是 IBM 公司的 IMS（information management system）数据库管理系统，这是 1968 年 IBM 公司推出的第一个大型的商用数据库管理系统，是世界上第一个 DBMS 产品。类层次模型用树型（层次）结构来表示各类实体与实体间的联系。现实世界中，许多实体之间的联系本来就呈现出一种自然的层次关系，如行政机构、家族关系等。因此，层次模型可自然地表达数据间具有层次规律的分类关系、概括关系、部分关系等，但在结构上有一定的局限性。

在数据库中定义满足下面两个条件的基本层次联系的集合为层次模型：

（1）有且只有一个节点，没有双亲节点，这个节点称为根节点。

（2）根以外的其他节点有且只有一个上一层的双亲节点以及若干个下一层的子女节点。

层次数据库的组织特点是用有向树结构表示实体之间的联系。树的每个节点表示一个记录类型，它是同类实体集合（结构）的定义。记录（类型）之间的联系用节点之间的连线（有向边）表示。上一层记录类型和下一层记录类型的联系是 1：N 联系。这就使得层次数据库只能处理一对多的实体联系。

对于如图 4.4 所示的地图，可用层次模型表示为如图 4.5 所示的层次结构。

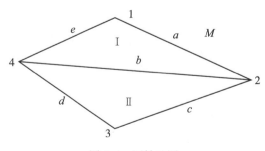

图 4.4 原始地图

层次模型反映了现实世界中实体间的层次关系，层次结构是众多空间对象的自然表达形式，并在一定程度上支持数据的重构。但其应用时存在以下问题：

（1）由于层次结构的严格限制，对任何对象的查询必须始于其所在层次结构的根，

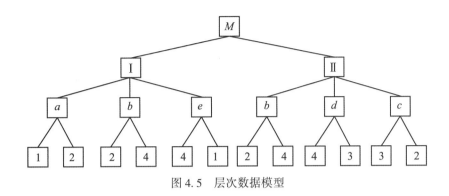

图 4.5　层次数据模型

使得低层次对象的处理效率较低，并难以进行反向查询。数据的更新涉及许多指针，插入和删除操作也比较复杂。母节点的删除意味着其下属所有子节点均被删除，必须慎用删除操作。

（2）层次命令具有过程式性质，它要求用户了解数据的物理结构，并在数据操纵命令中显式地给出存取途径。

（3）模拟多对多联系时会导致物理存储上的冗余。

（4）数据独立性较差。

4.2.2　网络模型

网络数据模型是数据模型的另一种重要结构，它反映着现实世界中实体间更为复杂的联系。其基本特征是，节点数据间没有明确的从属关系，一个节点可与其他多个节点建立联系。层次数据模型适合处理 1∶1 和 1∶N 的关系。现实世界中，不同的实体之间有许多是多对多的关系，即 M∶N 的关系，如教师和学生、部件和零件、学生和课程之间等，都构成复杂的网状关系。网状模型的数据组织是有向图结构，每个节点可有多个上级（父）节点。

最典型的网状数据模型是 DBTG（data base task group）系统，也称为 CODASYL 系统，这是 20 世纪 70 年代数据库系统语言研究会 CODASYL（conference on data system language）下属的数据库任务组（data base task group）提出的一个系统方案。

1. 网状数据模型的概念

网状模型是一种比层次模型更具有普遍性的结构，它去掉了层次模型的两个限制，允许多个节点没有双亲节点，也允许节点有多个双亲节点。此外，它还允许两个节点之间有多种联系（复合联系）。因此，采用网状模型，可以更直接地去描述现实世界，而层次模型实际上是网状模型的一个特例。

网状数据模型用有向图结构表示实体和实体之间的联系。有向图结构中的节点代表实体记录类型，连线表示节点间的关系，这一关系也必须是一对多的关系。然而，与树结构不同，网状数据模型中节点和连线构成的网状有向图具有较大的灵活性。

2. 网状数据模型数据的组织

与层次模型一样，网状模型中的每个节点表示一个记录类型（实体），每个记录类型可包含若干个字段（实体的属性），记录（类型）之间的联系用节点之间的连线（有向边）表示。

网络模型用连接指令或指针来确定数据间的显式连接关系，是具有多对多类型的数据组织方式，网络模型将数据组织成有向图结构。网络模型的优点是可以描述现实生活中极为常见的多对多的关系，其数据存储效率高于层次模型，但其结构的复杂性限制了它在空间数据库中的应用。

从定义可以看出，层次模型中子女节点和双亲节点的联系是唯一的，而在网状模型中，这种联系可以不是唯一的。因此，要为每个联系命名，应指出与该联系有关的双亲记录和子女记录。

在网状数据模型中，虽然每个节点可以有多个父节点，但是每个双亲记录和子女记录之间的联系只能是 1∶N 的联系，因此，在网状数据模型中，对于 M∶N 的联系，必须人为地增加记录类型，把 M∶N 的联系分解为多个 1∶N 的二元联系。如图 4.6 所示，学生甲、乙、丙、丁选修课程，其中的联系就属于网络模型。

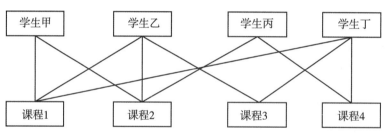

图 4.6　网络数据模型

网络模型在一定程度上支持数据的重构，具有一定的数据独立性和共享特性，并且运行效率较高。但它在应用时存在以下问题：

（1）网状结构的复杂，增加了用户查询和定位的困难。它要求用户熟悉数据的逻辑结构，知道自身所处的位置。

（2）网状数据操作命令具有过程式性质。

（3）不直接支持对于层次结构的表达。

4.2.3　关系模型

1. 关系数据模型的概念

关系数据模型是由若干关系组成的集合，每个关系从结构上看，实际上是一张二维表格，即把某记录类型的记录集合写成一张二维表，表中的每行表示一个实体对象，表中的每列对应一个实体属性，这样的一张表结构称为一个关系模式，其表中的内容称为一个关系。

在关系数据模型中，实体类型用关系表表示；实体类型之间的联系既可以用关系表表示，也可以用属性来表示。

关系是一种规范化的二维表。关系中的每个属性值必须是不可再分的数据项。关系数据库是大量二维关系表组成的集合，每个关系表中是大量记录（元组）的集合，每个记录包含着若干属性。关系中的记录是无序的、没有重值的。

关系模型是根据数学概念建立的，它把数据的逻辑结构归结为满足一定条件的二维表形式。此外，实体本身的信息以及实体之间的联系均表现为二维表，这种表就称为关系。一个实体由若干个关系组成，而关系表的集合就构成关系模型。

关系数据模型的主要术语：

（1）关系（relation）：一个关系就是一张二维表，每张表有一个表名，表中的内容是对应关系模式在某个时刻的值，称为一个关系。

（2）元组（tuple）：表中的一行称为一个元组。一个元组可表示一个实体或实体之间的联系。

（3）属性（attribute）：表中的一个列称为关系的一个属性，即元组的一个数据项。属性有属性名、属性类型、属性值域和属性值之分。属性名在一个关系表中是唯一的，属性的取值范围称为属性域。

2. 关系模型数据的组织

关系模型中所有的关系都必须是规范化的，最基本的要求是符合第一范式（1NF），也就是说，从 DBMS 的观点看，所有的属性值都是原子型的、不可再分的最小数据单位。例如，学生入学日期的表示，只能在 DBMS 外面划分为年、月、日，DBMS 把日期看作一个单位、不可再分的数据单元，不能单独根据年或月进行检索。

一个关系数据库中包含许多关系模式。每个关系有一个唯一的关系名称，每个关系内的属性有唯一的属性名。通常，属性名与其相关的属性值的集合（域）同时出现。

关系数据模型是最成熟、最广泛应用的数据模型。关系模型的记录之间以属性作为连接的纽带，使信息之间的关系不必在应用开始之前就完全固定下来，可以按一定的规则在对数据库操作时形成新的联系，这是对层次和网状数据模型表达能力的一次飞跃。

在关系数据模型中，实体类型用关系表来表示；实体类型之间的 1 ∶ 1 和 1 ∶ N 的联系可以用关系表来表示，也可以用属性来表示；实体类型之间的 M ∶ N 的联系必须用关系表来表示。

在关系数据模型中，通过外部关键字可以直接表达实体之间一对多和多对多的联系，不需要任何转换或中间环节。对于图 4.1 中的地图 M，用关系模型表示为图 4.7 所示的表。

关系数据模型是应用最广泛的一种数据模型，它具有以下优点：

（1）能够以简单、灵活的方式表达现实世界中各种实体及其相互间的关系，使用与维护也很方便。关系模型通过规范化的关系为用户提供一种简单的用户逻辑结构。

（2）关系模型具有严密的数学基础和操作代数基础——关系代数、关系演算等，可

地图	M	I	II

多边形	I	a	b	e
	II	b	d	c

线	I	a	1	2
	I	b	2	4
	I	e	4	1
	II	c	2	3
	II	d	3	4

图 4.7　关系数据模型示意图

将关系分开，或将两个关系合并，使数据的操纵具有高度的灵活性。

（3）在关系数据模型中，数据间的关系具有对称性。因此，关系之间的寻找在正反两个方向上难易程度是一样的。而在其他模型如层次模型中，虽然从根节点出发寻找叶子的过程容易解决，但相反的过程则很困难。

目前，绝大多数数据库系统采用关系数据模型。但它的应用也存在如下问题：

（1）实现效率不够高。由于概念模式和存储模式的相互独立性，按照给定的关系模式重新构造数据的操作相当费时。另外，实现关系之间的联系需要执行系统开销较大的连接操作。

（2）描述对象语义的能力较弱。现实世界中包含的数据种类和数量繁多，许多对象本身具有复杂的结构和含义，为了用规范化的关系描述这些对象，则需要对对象进行不自然的分解，从而在存储模式、查询途径及其操作等方面均显得语义不甚合理。

（3）不直接支持层次结构，因此不直接支持对于概括、分类和聚合的模拟，即不适合于管理复杂对象的要求，它不允许嵌套元组和嵌套关系存在。

（4）模型的可扩充性较差。新关系模式的定义与原有的关系模式相互独立，并未借助已有的模式支持系统的扩充。

（5）模拟和操纵复杂对象的能力较弱。关系数据模型表示复杂关系时比其他数据模型困难，因为它无法用递归和嵌套的方式来描述复杂关系的层次和网状结构，只能借助于关系的规范化分解来实现。关系数据库的查询和修改操作是通过结构化查询语言（structured query lan guage，SQL）来实现的。SQL 的基础是关系代数，同时也包括了其他的一些操作。

任务 4.3　空间数据库

GIS 中的数据大多数是地理数据，其特点是：地理数据类型多样，各类型实体之间关系复杂，数据量很大，而且每个线状或面状地物的字节长度都不是等长的。地理数据的这些特点决定了利用目前流行的数据库系统直接管理地理空间数据存在着明显的不足，GIS 必须发展自己的数据库——空间数据库。

4.3.1　空间数据库

1. 空间数据库的概念

空间数据库是指地理信息系统在计算机物理存储介质上存储的与应用相关的地理空间数据的总和，一般是以一系列特定结构文件的形式组织在存储介质之上的。

地理信息系统是一种以地图为基础，供资源、环境以及区域调查、规划、管理和决策用的空间信息系统。在数据获取过程中，空间数据库用于存储和管理地图信息；在数据处理系统中，它既是资料的提供者，也可以是处理结果的归宿处；在检索和输出过程中，它是形成绘图文件或各类地理数据的数据源。

空间数据库是作为一种应用技术而诞生和发展起来的，其目的是使用户能够方便灵活地查询所需的地理空间数据，同时能够进行有关地理空间数据的插入、删除、更新等操作。以地理空间数据存储和操作为对象的空间数据库，把被管理的数据从一维推向了二维、三维甚至更高维。空间数据库系统必须具备对地理对象（大多为具有复杂结构和内涵的复杂对象）进行模拟和推理的功能。一方面，可将空间数据库技术视为传统数据库技术的扩充；另一方面，空间数据库突破了传统数据库理论，将规范关系推向了非规范关系。

2. 空间数据库的特点

（1）数据量庞大。空间数据库面向的是地学及其相关对象，而在客观世界中它们所涉及的往往都是地球表面信息、地质信息、大气信息等极其复杂的现象和信息，所以描述这些信息的数据量很大，通常达到 GB 级。

（2）具有高可访问性。空间信息系统要求具有强大的信息检索和分析能力，这是建立在空间数据库基础上的，需要高效访问大量数据。

（3）空间数据模型复杂。空间数据库存储的不是单一性质的数据，而是涵盖了几乎所有与地理相关的数据类型。这些数据类型主要可以分为以下三类：

① 属性数据：与通用数据库基本一致，主要用来描述地学现象的各种属性，一般包括数字、文本、日期类型等。

② 图形图像数据：与通用数据库不同，空间数据库系统中大量的数据借助于图形图像来描述。

③ 空间关系数据：存储拓扑关系的数据，通常与图形数据是合二为一的。

（4）属性数据和空间数据联合管理。

（5）应用范围广泛。

4.3.2　空间数据库的设计

数据库因不同的应用要求，会有各种各样的组织形式，数据库设计就是把现实世界中一定范围内存在着的应用数据抽象成一个数据库的具体结构的过程。

空间数据库的设计是指在现有数据库管理系统的基础上建立空间数据库的整个过程，主要包括需求分析、结构设计和数据层设计三部分。

1. 需求分析

需求分析是整个空间数据库设计与建立的基础，主要进行以下工作：

（1）调查用户需求。了解用户特点和要求，取得设计者与用户对需求的一致看法。

（2）需求数据的收集和分析。包括信息需求（信息内容、特征、需要存储的数据）、信息加工处理要求（如响应时间）、完整性与安全性要求等。

（3）编制用户需求说明书。包括需求分析的目标、任务、具体需求说明、系统功能与性能、运行环境等，是需求分析的最终成果。

需求分析是一项技术性很强的工作，应该由有经验的专业技术人员完成，同时，用户的积极参与也是十分重要的。在需求分析阶段，应完成数据源的选择和对各种数据集的评价。

2. 结构设计

这是指空间数据结构设计，结果是得到一个合理的空间数据模型，是空间数据库设计的关键。空间数据模型越能反映现实世界，在此基础上生成的应用系统就越能较好地满足用户对数据处理的要求。空间数据库设计的实质是将地理空间实体以一定的组织形式在数据库系统中加以表达的过程，也就是地理信息系统中空间实体的模型化过程。

（1）概念设计：通过对错综复杂的现实世界的认识与抽象，最终形成空间数据库系统及其应用系统所需的模型。

表示概念模型最有力的工具是 E-R 模型，即实体-联系模型，包括实体、联系和属性三个基本成分。

（2）逻辑设计：在概念设计的基础上，按照不同的转换规则将概念模型转换为具体 DBMS 支持的数据模型的过程，即导出具体 DBMS 可处理的地理数据库的逻辑结构（或外模式），包括确定数据项、记录及记录间的联系、安全性、完整性和一致性约束等。

（3）物理设计：有效地将空间数据库的逻辑结构在物理存储器上实现，确定数据在介质上的物理存储结构，其结果是导出地理数据库的存储模式（内模式）。主要内容包括确定记录存储格式、选择文件存储结构、决定存取路径、分配存储空间。

数据库设计步骤如图 4.8 所示。

4.3.3　数据层设计

大多数 GIS 将数据按逻辑类型分成不同的数据层进行组织。数据层是 GIS 中的一个重要概念。GIS 数据可以按照空间数据的逻辑关系或专业属性分为各种逻辑数据层或专业数据层，原理上类似于图片的叠置。

4.3.4　数据字典设计

数据字典用于描述数据库的整体结构、数据内容和定义等。数据字典的内容包括：数据库的总体组织结构、数据库总体设计的框架，各数据层详细内容的定义及结构、数据命名的定义，元数据。

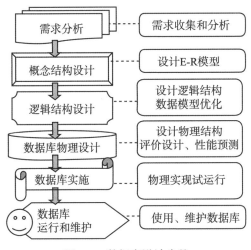

图 4.8　数据库设计步骤

4.3.5　地理信息系统与管理信息系统的比较

从数据源的角度来看，图形和图像数据是地理信息系统数据的一个主要来源，分析处理的结果也常用图形的方式来表示。而一般的管理信息系统，则多以统计数据、表格数据为主。这一点也使地理信息系统在硬件和软件上与一般的管理信息系统有所区别。

1. 两者的区别

（1）在硬件上的区别。为了处理图形和图像数据，GIS 系统需要配置专门的输入和输出设备，如数字化仪、绘图机、图形图像的显示设备等；许多野外实地采集和台站的观测所得到的资源信息是模拟量形式，系统还需要配置模数转换设备，这些设备往往超过中央处理机的价格，体积也比较大。

（2）在软件上的区别。GIS 要求研制专门的图形和图像数据的分析算法和处理软件，这些算法和软件又直接和数据的结构及数据库的管理方法有关。

（3）在信息处理的内容和应用目的方面的区别。一般的管理信息系统，主要是查询检索和统计分析，处理的结果，大多是制成某种规定格式的表格数据。地理信息系统，除了基本的信息检索和统计分析外，主要用于分析研究资源的合理开发利用，制定区域发展规划、地区的综合治理方案，对环境进行动态的监视和预测预报，为国民经济建设中的决策提供科学依据，为生产实践提供信息和指导。

由于地理信息系统是一个复杂的自然和社会的综合体，所以信息的处理必然是多因素的综合分析。系统分析是基本的方法，例如研究某种地理信息系统中各组成部分间的相互关系，利用统计数据建立系统的数学模型，根据给定的目标函数进行数学规划，寻求最优方案，使该系统的经济效益为最佳。分析系统中各部分之间的反馈联系，建立系统的结构模型，采用系统动力学的方法，进行动态分析，研究系统状态的变化和预测发展趋势等。计算机仿真是一种有效而经济的分析方法，便于分析各种因素的影响和进行方案的比较，在自然环境和社会经济的许多应用研究中常被采用。此外，地理信息系统还有分析量算的功能，如计算面积、长度、密度、分布特征等以及地理实体之间的关系运算。

2. 两者的共同之处

地理信息系统和一般的信息管理系统也有许多共同之处。两者都是以计算机为核心的信息处理系统，都具有数据量大和数据之间关系复杂的特点，也都随着数据库技术的发展在不断地改进和完善。比较起来，商用的管理信息系统发展快、用户数量大，而且已有定型的软件产品可供选用，这也促进了软件系统的标准化。地理信息系统，由于上述一些特点，多是根据具体的应用要求专门设计的，数据格式和组织管理方法各不相同。目前，国外已有几百个空间数据处理系统和软件包，几乎没有两个系统是一样的，尽管大家都认为标准化是很重要的，也做了许多努力（例如建立计算机制图的标准和规范），但分析的算法和软件系统还谈不上标准化的问题。事实上，地理信息系统正逐渐作为一种空间信息的处理系统，而成为一个单独的研究和发展领域。

任务 4.4 GIS 中空间数据库的数据模型

目前，大多数商品化的 GIS 软件不是采取传统的某一种单一的数据模型，也不是抛弃传统的数据模型，而是采用建立在关系数据库管理系统（RDBMS）基础上的综合的数据模型。归纳起来，主要有以下三种。

4.4.1 混合结构模型

它的基本思想是用两个子系统分别存储和检索空间数据与属性数据，其中属性数据存储在常规的关系数据库（RDBMS）中，几何数据存储在空间数据管理系统中，两个子系统 GIS 之间使用一种标识符联系起来。在检索目标时必须同时查询两个子系统，然后将它们的回答结合起来。

由于这种混合结构模型的一部分是建立在标准 RDBMS 之上的，故存储和检索数据比较有效、可靠。但因为使用两个存储子系统，它们有各自的规则，查询操作难以优化，存储在 RDBMS 外面的数据有时会丢失数据项的语义；此外，数据完整性的约束条件有可能遭到破坏，例如在几何空间数据存储子系统中目标实体仍然存在，但在 RDBMS 中却已被删除。属于这种模型的 GIS 软件有 ARC/INFO、MGE、SICARD、GENEMAP 等。

混合结构模型的缺陷是因为两个存储子系统具有各自的职责，互相很难保证数据存储和操作的统一。

4.4.2 扩展结构模型

扩展结构模型采用同一 DBMS 存储空间数据和属性数据。其做法是在标准的关系数据库上增加空间数据管理层，即利用该层将地理结构查询语言转化成标准的 SQL 查询，借助索引数据的辅助关系实施空间索引操作。这种模型的优点是省去了空间数据库和属性数据库之间的烦琐连接，空间数据存取速度较快，但由于是间接存取，在效率上总是低于 DBMS 中所用的直接操作过程，且查询过程复杂。

这种模型的代表性 GIS 软件有 SYSTEM9、SMALL WORLD 等。

任务 4.5　面向对象的数据库系统

网络模型、层次模型和关系模型都适合那些结构简单以及访问有规律的数据。这些模型的最佳应用领域有个人记录管理、清单控制、终端用户销售与商业记录等，所有这些应用领域都只有较简单的数据结构、联系以及数据使用模式。一个地图对象可以定义为经度、纬度、地点的时间维；以等高线来定义地形；用图标表示主要的嵌入对象，而它们本身也可能是对象。除了这些定义之外，在地图的各区域可能还含有隐藏的数据。我们可以表示人口密度、动物密度、植物、水源、建筑物及其类别（如单栋住宅楼、高楼、工业建筑、居民楼）、污染情况以及其他信息，所有这些都是从应用领域典型使用中派生出来的抽象数据类型，如图 4.9 所示。

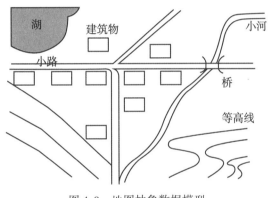

图 4.9　地图抽象数据模型

4.5.1　面向对象技术概述

面向对象方法（object-oriented para-digm，简称 OO）起源于面向对象的编程语言（简称 OOPL）。20 世纪 60 年代中后期，Simula-67 语言的设计者首次提出了"对象"（object）的概念，并开始使用数据封装（data encapsulation，DE）技术（对外部只提供一个抽象接口而隐藏具体实现细节）。面向对象方法的推广和应用主要得益于面向对象语言 Smalltalk-80。它在系统设计中强调对象概念的统一，引入对象、对象类、方法、实例等概念和术语，采用动态联编和单继承性机制。它集各种软件开发工具为一体，建立了面向对象方法计算环境，配有很强的图形功能和多窗口用户界面。Smalltalk 作为一种新的、纯粹的面向对象编程语言，同时又为面向对象方法学的形成和发展起了重大的作用。

面向对象方法的基本出发点就是尽可能按照人类认识世界的方法和思维方式来分析与解决问题。客观世界是由许多具体的事物或事件、抽象的概念、规则等组成的。因此，我们将任何感兴趣或要加以研究的事物、概念统称为"对象"（或"目标"）。面向对象的方法正是以对象作为最基本的元素，它也是分析问题、解决问题的核心。面向对象方法很自然地符合人类的认识规律。计算机实现的对象与真实世界具有一对一的对应关系，不需作任何转换，这样就使面向对象方法更易于为人们所理解、接受和掌握。面向对象方法具有的模块化、信息封装与隐藏、抽象性、多态性等独特之处，为解决大型软件管理，提高软件可靠性、可重用性、可扩充性和可维护性提供了有效的手段与途径，很快被引入所有与计算机科学有关的领域，如在编程语言方面，引入面向对象方法的就有 VC、Object Pascal、VB 等。

从现实世界中客观存在的事物（即对象）出发来构造软件系统，并在系统构造中尽可能运用人类的自然思维方式，强调直接以问题域（现实世界）中的事物为中心来思考问题、认识问题，并根据这些事物的本质特点，把它们抽象地表示为系统中的对象，作为系统的基本构成单位（而不是用一些与现实世界中的事物相关比较远，并且没有对应关系的其他概念来构造系统），可以使系统直接地映射问题域，保持问题域中事物及其相互关系的本来面貌。

面向对象方法是面向对象的世界观在开发方法中的直接运用，它强调系统的结构应该直接与现实世界的结构相对应，应该围绕现实世界中的对象来构造系统，而不是围绕功能来构造系统。

4.5.2 面向对象方法中的基本概念

1. 对象

在面向对象的系统中，所有的概念实体都可以模型化为对象。多边形地图上的一个节点或一条弧段是对象，一条河流或一个省也是一个对象。一个对象是由描述该对象状态的一组数据和表达它的行为的一组操作（方法）组成的。例如，河流的坐标数据描述了它的位置和形状，而河流的变迁则表达了它的行为。对象是数据和行为的统一体。

GIS 中的地理对象可定义为：描述一个实体的空间和属性数据以及定义一系列对实体有意义的操作函数的统一体。例如一个城市、一条街道、一个街区等。

在面向对象的系统中，对象作为一个独立的实体，一经定义就带有一个唯一的标识号，且独立于它的值而存在。

总之，一个对象就是一个具有名称标识并有自身的状态与功能的实体。如一个人，他有一些身体状况如性别、年龄、身高、体重等，他还有一些其他的情况如所从事的工作、所学专业、爱好等。

2. 对象类

对象类，简称类，是关于同类对象的集合，具有相同属性和操作的对象组合在一起形成"类"（class）。类是用来定义抽象数据类型的，描述了实例的形式（属性等）以及作用于类中对象上的操作方法。属于同一类的所有对象共享相同的属性项和方法，每个对象都是这个类的一个实例。同一个类中的对象在内部状态的表现形式（即型）上相同，但它们有不同的内部状态，即有不同的属性值。类中的对象并不是一模一样的，而应用于类中所有对象的操作却是相同的。

所以，在实际的系统中，仅需对每个类型定义一组操作，供该类中的每个对象应用。但因每个对象的内部状态不完全相同，所以要分别存储每个对象的属性值。如所有河流均有共性，名称、长度、面积以及操作方法，抽象成河流类；而黄河、长江等就是其实例对象，同时又有其自身的状态特征（属性值）。

3. 方法和消息

对一个类所定义的所有操作称为方法。对对象类的操作是由方法来具体实现的，而对象间的相互联系和通信的唯一途径是通过"消息"传送来实现。消息是对象与对象之间相互联系、请求、协作的途径。

另外，消息还分公有消息和私有消息。例如，如果一批消息都属于同一个对象，但有些是可由其他对象向它发送的，叫公有消息；另外一些则是由它自己向本身发送，叫私有消息。

4. 协议与封装

对象和消息对自然界的实际事物进行了良好的模拟，也简化了人们对自然界事物的理解。但是，现实事物仅靠这两个概念还不能充分表达。例如，一个人有各种各样的能力。有些能力，他乐意向外人宣告；有些能力，他只向一部分人通告；还可能有些能力，他不想让任何人知道。另外，即使外人知道了他的某些能力，他也不向外界提供这些服务。这是经常出现的情况，上面的私有消息便是这样的例子。这里就有一个协议的问题。

协议是一个对象对外服务的说明，它告知一个对象可以为外界做什么。外界对象能够并且只能向该对象发送协议中所提供的消息，请求该对象服务。因此，议是由一个对象能够接受并且愿意接受的所有消息构成的对外接口。也就是说，请求对象进行操作的唯一途径就是通过协议中提供的消息来进行。即使一个对象可以完成某一功能，但它没有将该功能放入协议中去，外界对象依然不能请求它完成这一功能。从私有消息和公有消息上看，协议是一个对象所能接受的所有公有消息的集合。

对象、消息和协议是面向对象设计中的支柱性概念，这些概念一起又引入了一个新的概念"封装"。封装就是将某件事物包围起来，使外界不必知道其实际内容。也就是说，对象通过封装后，其他对象只能从公有消息中提供的功能进行请求服务，对这个对象内部的情况不必了解。

5. 分类

把一组具有相同结构的实体归纳成类的过程，称为分类，而这些实体就是属于这个类的实例对象。属于同一类的对象具有相同的属性结构和操作方法。

6. 超类与概括

在定义类型时，将几种类型中某些具有公共特征的属性和操作抽象出来，便形成一种更一般的超类。

7. 继承

继承是一种服务于概括的工具。GIS 中经常要遇到多个继承的问题，下面举例说明两个不同的体系形成的多个继承。一个由人工和自然的交通线形成，另一个是以水系为河流主线。运河具有两方面的特性，即人工交通线和水系；而可航行的河流也有两方面的特性，即河流和自然交通线。其他一些类型如高速公路和池塘仅属于其中某一个体系，如图4.10所示。

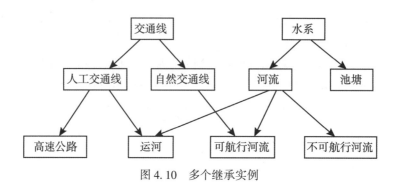

图 4.10 多个继承实例

4.5.3 面向对象的几何抽象类型

考察 GS 中的各种地物，在几何性质方面不外乎表现为四种类型，即点状地物、线状地物、面状地物以及由它们混合组成的复杂地物，因而这四种类型可以作为 GS 中各种地物类型的超类。如图 4.11 所示，从几何位置抽象，点状地物为点，具有 (x, y, z) 坐标。线状地物由弧段组成，弧段由节点组成；面状地物由弧段和面域组成；复杂地物可以包含多个同类或不同类的简单地物（点、线、面），也可以再嵌套复杂地物。因此，弧段聚集成线状地物，简单地物组合成复杂地物，节点的坐标由标识号传播给线状地物和面状地物，进而还可以传播给复杂地物。

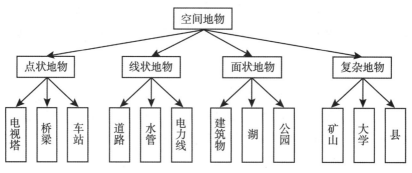

图 4.11 空间对象的几何抽象模型

为了描述空间对象的拓扑关系，对空间对象的抽象，除了点、线、面、复杂地物外，还可以再加上节点、弧段等几何元素。如一些研究人员把空间对象还分为零维对象、一维对象、二维对象、复杂对象。其中，零维对象包括独立点状地物、节点、节点地物（既是几何拓扑类型，又是空间地物）、注记参考点、多边形标识点；一维对象包括拓扑弧段、无拓扑弧段（也称面条地物，如等高线）、线状地物；二维对象是指面状地物，它由组成面状地物的周边弧段组成，有属性编码和属性表；复杂对象包括有边界复杂地物和无边界复杂地物。

在美国空间数据交换标准中，将矢量数据模型中的空间对象抽象为 6 类，分别是复杂地物（complex）、多边形（polygon）、环（ring）、线（line）、弧（arc）、点-节点。其中，线相当于线状地物，由弧段组成；弧是指圆弧、B 样条曲线等光滑的数学曲线；环是为了描述带岛屿的复杂多边形而新增的；节点作为一种点对象和点状地物合并为点-节点类。

在定义一个地物类型时，除按属性类别分类外，还要声明它的几何类型。例如定义建筑物类型时，声明它的几何类型为面状地物，此时它自动连接到面状地物的数据结构，这种联接可以通过类标识和对象标识实现。

4.5.4　面向对象的属性数据模型

关系数据模型和关系数据库管理系统基本上适用于 GIS 中属性数据的表达与管理，但如果采用面向对象数据模型，语义将更加丰富，层次关系也更明了。与此同时，它又能吸收关系数据模型和关系数据库的优点，或者说它在包含关系数据库管理系统功能的基础上，在某些方面加以扩展，增加面向对象模型的封装、继承、信息传播等功能。但如果采用面向对象数据模型，语义将更加丰富，层次关系也将更加明了。与此同时，它又能吸收关系数据模型和关系数据库的优点，或者说，它在包含关系数据库管理系统功能的基础上，在某些方面加以扩展，增加面向对象模型的封装、继承、信息传播等功能。面向对象的数据库系统会逐步成为空间数据库的基本结构形式。

GIS 中的地物可根据国家分类标准或实际情况划分类型。例如，一个大学 GIS 的对象可分为建筑物、道路、绿化、管线等几大类；地物类型的每一大类又可以进一步分类，如建筑物可再分成教学楼、科研实验楼、行政办公楼、教工住宅、学生宿舍、后勤服务建筑、体育楼等子类；管线可再分为给水管道、污水管道、电信管道、供热管道、供气管道等。此外，几种具有相同属性和操作的类型可综合成一个超类。

4.5.5　面向对象数据库系统的实现方式

一方面，面向对象的数据模型为用户提供了自然的、丰富的数据语义，从概念上将人们对 GIS 的理解提高到了一个新的高度。同时，它又巧妙地容纳了 GIS 中拓扑数据结构的思想，能有效地表达空间数据的拓扑关系。另一方面，面向对象数据模型在表达和处理属性数据时，又具有许多独特的优越性。因而，完全有可能采用面向对象的数据模型和面向对象的数据库管理系统同时表达与管理图形及属性数据，结束目前许多 GIS 软件将它们分开处理的历史。

目前，采用面向对象数据模型，建立面向对象数据库系统，主要有以下三种实现方式。

1. 扩充面向对象程序设计语言（OOPL），在 OOPL 中增加 DBMS 的特性

面向对象数据库系统的一种开发途径便是扩充 OOPL，使其处理永久性数据。典型的 OOPL 有 Smalltalk 和 C+。在 OODEMS 中增加处理和管理地理信息数据的功能，则可形成地理信息数据库系统。在这种系统中，对象标识符为指向各种对象的指针，地理信息对象的查询通过指针依次进行；这类系统具有计算完整性。

这种实现途径的优点是：

（1）能充分利用 OOPL 强大的功能，相对地减少开发工作量。

（2）容易结合现有的 C++（或 C）语言应用软件，使系统的应用范围更广。

这种途径的缺点是没有充分利用现有的 DBMS 所具有的功能。

2. 扩充 RDBMS，在 RDBMS 中增加面向对象的特性

RDBMS 是目前应用最广泛的数据库管理系统。既可用常规程序设计语言（如 C、FORTRAN 等）扩充 RDBMS，也可用 OOPL（如 C++）扩充 RDBMS。IRIS 就是用 C 语言和 LISP 语言扩展 RDBMS 所形成的一种 OODBMS。

这种实现途径的优点是：

（1）能充分利用 RDBMS 的功能，可使用或扩展 SQL 查询语言。

（2）采用 OOPL 扩展 RDBMS 时，能结合二者的特性，大大减少开发的工作量。

这种途径的缺点是数据库检查比较费时，需要完成一些附加操作，所以查询效率比纯 OODBMS 低。

3. 建立全新的支持面向对象数据模型的 OODBMS

这种实现途径从重视计算完整性的立场出发，以记叙消息的语言作为基础，备有全新的数据库程序设计语言（DBPL）或永久性程序设计语言（PPL）。此外，它还提供非过程型的查询语言。它并不以 OOPL 作为基础，而是创建独自的面向对象 DBPL。

这种实现途径的优点是：

（1）用常规语言开发的纯 OODBMS 全面支持面向对象数据模型，可扩充性较强，操作效率较高。

（2）重视计算完整性和非过程查询。

这种途径的缺点是数据库结构复杂，并且开发工作量很大。

上述三种开发途径各有利弊，侧重点也各有不同。第一种途径强调 OOPL 中的数据永久化；第二种途径强调 RDBMS 的扩展；第三种途径强调计算完整性和纯面向对象数据模型的实现。这三种途径也可以结合起来，充分利用各自的特点，既重视 OOPL 和 RDBMS 的扩展，也强调计算完整性。

4.5.6　空间对象模型实例

Geostar 软件是由武汉测绘科技大学测绘遥感信息工程国家重点实验室研制开发的面向对象的 GIS 软件。在 Geostar 中，把 GIS 需要的地物抽象成节点、弧段、点状地物、线

状地物、面状地物和无空间拓扑关系的面条地物。为了便于组织与管理，对空间数据库又设立了工程、工作区和专题层。工程包含了某个 GS 工程需要处理的空间对象。工作区则是在某一个范围内，对某几种类型的地物，或某几个专题的地物进行操作的区域。从工程和地物的属性而言，空间地物又可以进一步向上抽象，按属性特征划分为各种地物类型，若干种地物类型组成一个专题层。同一地理空间的多个专题层组成一个工作区，而一个工程又可以包含一个或多个工作区：这种从下到上的抽象过程与从上往下的分解过程组成了 GIS 中的面向对象模型，一方面它表达了地理空间的自然特性接近人们对客观事物的理解；另一方面，它完整地表达了各类地理对象（大到工程，小到节点）之间的各种关系，而且用层次方法清晰地表达了它们之间的联系。同时，为了表达方便，在 Geostar 中，为了制图的方便，还设立了一个数据结构——位置坐标（Location），包括制图的辅助对象，如注记、符号、颜色等。

🔗 习题和思考题

1. 什么是数据库？它有什么特点？
2. 数据库管理经历了哪些阶段？
3. 试举例说明什么是层次模型、网络模型和关系模型。
4. 什么是空间数据库？它有哪些特点？

项目 5　空间数据查询与分析

📝 教学目标

通过本项目的学习，掌握空间数据查询、空间数据分析以及数字地面模型等相关知识。空间数据查询内容包括空间数据查询的含义、各种查询方式、查询结果的显示方式、空间数据查询的应用等；空间数据分析的方法包括缓冲区分析、叠加分析、网络分析、空间插值等。

📋 思政目标

展示本土卓越成果：在讲解 GIS 空间分析应用时，列举我国标志性项目，如雄安新区规划，借由 GIS 空间分析整合地形、水系、交通、生态等海量数据，精准划分功能区、智能高效交通网与生态廊道，彰显我国在城市建设领域利用前沿科技实现千年宏图伟业的实力，凸显 GIS 空间分析对国家战略落地的支撑效能，激发学生爱国热忱。

追溯历史传承脉络：回溯古代地理测绘辉煌，从《禹贡》对九州地理格局粗略勾勒，到裴秀"制图六体"奠定古代地图绘制理论基石，展现华夏先辈在地理认知与表达上的智慧传承，对比现代 GIS 空间分析高精度、数字化革新，让学生明晰传承创新历程，增强民族文化认同与自豪。

📑 项目案例

在某农业大县，当地主要种植小麦、玉米、蔬菜等多种农作物，但长期面临着产量波动大、病虫害频发、农业资源利用效率不高以及农产品质量参差不齐等问题。传统农业种植方式依赖经验，缺乏对农田土壤、气候、灌溉等多要素的精细化空间管理，难以适应现代农业高效、绿色、可持续发展需求。为扭转这一局面，该县农业部门联合科研机构，引入 GIS 技术开展精准种植项目，核心在于利用空间数据查询与分析挖掘农田数据价值，指导农事实践。

（1）土壤数据：组织专业人员按照网格化采样（每平方公里设置一个采样点），测定土壤酸碱度、有机质含量、氮磷钾等主要养分指标、土壤质地（砂质、壤质、黏质），并记录采样点经纬度坐标，通过内业处理将大量离散采样数据转化为覆盖全县农田的土壤属性栅格数据，每个栅格像元（分辨率设为 30 米）对应具体土壤理化性质数值，构成土壤数据图层，录入 GIS 系统作为基础数据之一。

（2）气象数据：与国家气象部门合作，获取近十年县域内气象站点逐小时观测记录，包括气温、降水、湿度、风速、日照时长等信息，利用空间插值算法（如克里金插值），依据气象站点地理位置，将点数据拓展为覆盖全县的气象要素栅格数据，以反映气象条件空间差异与时间变化，为分析农作物生长气候适宜性提供依据。

（3）农田基础设施数据：通过实地测绘结合高分辨率卫星影像解译，提取农田水利设施（灌溉渠道、机井位置、喷灌滴灌设施覆盖范围）、道路（田间道路走向、宽度）等矢量数据，详细记录设施属性（如机井深度、灌溉流量、道路材质），清晰勾勒农田"脉络"与"补给线"，方便后续查询关联使用。

4）农作物种植分布数据：利用卫星遥感影像的多光谱特征，按不同农作物生长季光谱反射差异，配合实地走访调研，识别并绘制历年小麦、玉米、蔬菜等种植区域边界，形成种植类型矢量图层，标注种植面积、品种、茬口信息，直观展现县域农业种植格局。

2. 空间数据查询与分析应用

（1）土壤肥力分区与精准施肥：基于土壤属性数据图层，在 GIS 平台设定肥力等级查询条件（如有机质含量高、中、低区间，氮磷钾丰缺指标），快速定位肥力各异区域，利用"统计分析"算出各等级肥力土壤占比与分布范围。结合农作物需肥规律（不同作物不同生长阶段对养分需求不同），为每个肥力分区制定专属施肥配方与用量方案，将施肥指导精准推送至对应农田种植户，确保肥料精准投入，提高肥料利用率超 30%，降低生产成本且减少面源污染。

（2）气象灾害风险评估与应对：在气象数据图层，针对暴雨洪涝、干旱、低温冻害等灾害，运用"阈值分析"结合历史灾害案例确定致灾气象指标临界值（如连续无降水天数超 15 天界定干旱），借助"叠加分析"融合农田分布与气象灾害风险区（依临界值划分高、中、低风险），精准识别高风险受灾区块。提前通过短信、农业 App 向种植户推送预警信息，指导其采取防护措施（如干旱来临前灌溉设施检查、冻害前铺设地膜），有效减轻气象灾害损失约 40%。

（3）农田灌溉优化与设施布局调整：利用"网络分析"功能，以机井、灌溉渠道等水利设施为节点，依据田块高程、距离关系模拟水流路径与灌溉覆盖范围，查询灌溉死角（难以有效供水区域）与供水冗余区。结合种植作物需水量、降水分布时空差异，合理制定轮灌计划，调整设施布局（在死角增设小型泵站，优化渠道走向），提高灌溉水利用率25%，保障农田水分均衡供给，促进作物增产。

（4）农作物种植适宜性分析与结构调整：综合土壤、气象、地形（数字高程模型辅助分析坡度、坡向、海拔对作物生长影响）数据图层，针对不同农作物构建"适宜性评价模型"，各因素按权重（如土壤肥力权重 0.4、气候适宜度权重 0.4、地形条件权重0.2）打分，经"加权叠加分析"生成全县农作物种植适宜性地图，划分高度适宜、适宜、不适宜区。据此引导种植户调整种植结构，将作物"种对地方"，推动区域优势农产品规模种植，农产品品质优良率提升 20%。

3. 项目成效

（1）产量与品质双提升：通过精准农事操作，小麦、玉米平均亩产量分别提高 15%、12%，蔬菜品质达绿色食品标准占比从 30% 增至 50%，增强农产品市场竞争力。

（2）资源节约与环境友好：肥料、水资源利用效率显著改善，全县农业化肥施用量减少 10%，灌溉用水节约 20%，降低土壤与水体污染风险，助力农业生态循环发展。

（3）农户收益增加：种植成本降低、产量品质上升带动农户亩均增收 300 元以上，激发农民参与精准种植积极性，促进县域农业高质量转型。

　　该项目充分发挥 GIS 空间数据查询与分析专长，让农业生产告别盲目粗放，迈向精细化、智能化，为乡村振兴筑牢产业根基。

任务 5.1　空间数据查询

　　空间数据查询是地理信息系统的一项重要功能，查询是用户与系统交流的途径，它可以向人们提供与地理空间、时间空间相关的空间数据，或者是与其关联的属性数据（图5.1）。目前，大多数成熟的商品化地理信息系统软件的查询功能都能实现对空间实体的简单查找，如根据鼠标所指的空间位置，系统可查找出该位置的空间实体和空间范围（由若干个空间实体组成）以及它们的属性，并显示出该空间对象的属性列表，以便进行有关统计分析。

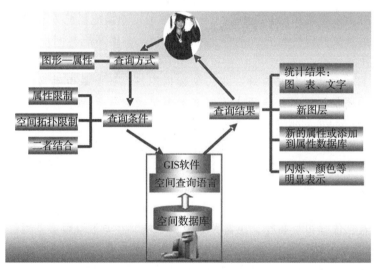

图 5.1　空间数据查询

5.1.1　空间数据查询的含义

　　空间数据查询首先是给出查询条件，然后系统经过空间量算或在空间数据库和与其相连的属性数据库中快速检索，并返回满足条件的内容。

　　查询是 GIS 用户最经常使用的功能，用户提出的很大一部分问题都可以通过查询的方式解决，查询的方法和查询的范围在很大程度上决定了 GIS 的应用程度和应用水平。通过数据查询，可以定位空间对象，提取对象信息，为地理信息系统的高层次空间分析奠定基础。

5.1.2　空间数据查询的方式

1. 基于空间关系查询

　　空间实体间存在多种空间关系，包括拓扑、顺序、距离、方位等关系。通过空间关系查询和定位空间实体，是地理信息系统不同于一般数据库的功能之一。

在实际的地理信息系统中，往往不是只对单一关系查询，而是将数种关系组合后进行查询。此外，查询时还能有属性信息的条件限制。

2. 基于空间关系和属性特征查询

1）基于属性数据的查询

根据空间目标的属性数据来查询该目标的其他属性信息或者相应的图形信息。GIS 中，基于属性数据的查询包括两个方面的内容：一是由地物目标的某种属性数据（或者属性集合）查询该目标的其他属性信息；二是由地物目标的属性信息查询其对应的图形信息。

2）基于图形数据的查询

基于图形数据的查询是可视化的查询，用户通过在屏幕上选取地物目标来查询其对应的图形和属性信息，它包括两种方式：区域查询和点选查询。

基于图形的查询是为方便用户输入查询条件而设计成可视化空间查询的，其实，在 GIS 中，仍然要翻译成形式化的 SQL 语言。查询过程是：通过屏幕捕捉获取目标的坐标信息，根据坐标信息在图形库中查询对应的图形及其 ID，再通过 ID 在属性库中找出相应的属性。

3）基于图形与属性的混合查询

图形与属性的混合查询是指查询条件同时包括了图形方面的内容和属性方面的内容，查询结果集应该同时满足这两个方面的要求。

混合查询中有两个方面是比较重要的：一是查询条件的分离。查询的条件要分离为对图形的查询和对属性的查询，在相应的图形数据库和属性数据库中查询，然后将其结果求交集作为输出结果。二是查询的优化。对于多条件的混合查询，经过分析，可以按某种顺序逐层查询，后一个条件查询是在前一个条件查询得出的结果中进行查询，最后得出的结果为满足所有条件的查询结果。

3. 模糊查询

模糊查询指的是限定需要查询的数据项的部分内容，查询所有数据项中具有该内容的数据库记录。GIS 中的模糊查询与其他数据库的模糊查询是相通的，只是具有了空间数据的特性。对于属性数据的模糊查询，完全等同于一般意义的数据库模糊查询；空间数据的模糊查询在于通过目标图形上某一点（点选）或者某一部分确定整个目标。

模糊查询具有一定的模糊性或者概括性，这种模糊性往往导致查询结果是一个目标集合。模糊查询是快速获取具有某种特性的数据集的方法。例如，小区 GS 数据库每个住户代码编号为六位，前两位是楼号，第三位是单元号，后三位是门牌号，如果想找 1 号楼上户主的信息，可引入下列模糊查询语句：

select from yezhu. db where fh like' 01 ＊

4. 自然语言空间查询

所谓自然语言查询就是在 GIS 的数据查询中引入人类使用的自然语言（区别于程序语言和数据库 SQL 语言），可以使查询更轻松自如。通过简单而意义直接的自然语言来表达数据查询的要求，在 GIS 中很多地理方面的概念是模糊的，而空间数据查询语言中，其实在使用的概念往往都是精确的。自然语言空间查询的关键在于自然语言的计算机解译以及向计算机查询的转换。

5. 超文本查询

超文本查询方式是一种基于浏览器的查询。在浏览器里面，可以把图形、图像、字符等皆当作文本，并设置一些"热链接"（Hk），"热点"可以是文本、图形或其他部分。用户用鼠标点击"热点"后，浏览器可以弹出说明信息、回放声音、完成某项工作等，这些信息往往都是与该目标相关联的信息，从而达到"查询"的目的。但超文本查询只能预先设置好，用户不能实时构建自己要求的各种查询。

6. 符号查询

地物在 GIS 中都是以一定的符号系统表示的，系统应该提供根据地物符号来进行查询的功能。符号查询是根据地物在系统中的符号表现形式来查询地物的信息，实质是通过用户指定某种符号，在符号库中查询其代表的地物类型，在属性库中查询该地物的属性信息或者图形信息。

5.1.3　查询结果的显示方式

空间数据查询不仅要能给出查询到的数据，还应以最有效的方式将空间数据显示给用户。对于查询到的地理现象的属性数据，能以表格、统计图表的形式显示，或根据用户的要求来确定。空间数据的最佳表示方式是地图，因而，空间数据查询的结果最好以专题地图的形式表示出来。为了方便查询结果的显示，Max（1991，1994）在基于扩展 SQL 的查询语言中增加了图形表示语言，作为对查询结果显示的表示。查询结果的显示有 6 个环境参数，通过选择这些环境参数可以把查询结果以用户选择的不同形式显示出来，但距离把查询结果以丰富多彩的专题地图显示出来的目标还相差甚远。

5.1.4　GIS 的空间查询实例

（1）属性查询主要是根据地图查询属性，如查询北京市各县、区主要农作物的播种面积、产量及历史变化、灌溉水平、化肥用量、机械化水平等。

（2）空间查询可以实现自由放大缩小、漫游等空间查询，可以量测不同区域的周长、面积。

（3）专题查询可以进行色彩专题、图案专题、点密度专题、表专题和比例专题的查询。如产量水平、复种指数、土壤肥力、作物灌溉比例等专题图的查询和分析。

空间查询方式、内容与结果如图 5.2 所示。

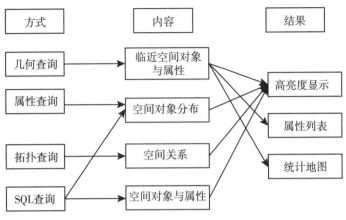

图 5.2 空间查询方式、内容与结果

任务 5.2 叠 加 分 析

叠加分析是指在两个或多个数据层级之间进行的一系列集合运算，产生一个新数据层面的操作，其结果综合了原来两层或多层要素所具有的属性，是 GIS 中的一项非常重要的空间分析功能。如图 5.3 所示。

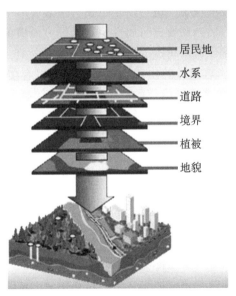

图 5.3 叠加分析图

叠加分析是地理信息系统最常用的提取空间隐含信息的手段之一。该方法源于传统的透明材料叠加，即将来自不同的数据源的图纸绘于透明纸上，在透光桌上将其叠放在一起，然后用笔勾出感兴趣的部分，表示的是同一地区的整个数据层集表达了该地区地理景观的内容。地理信息系统的数据层面既可以用矢量结构的点线、面图文件方式表达，也可以用带栅格结构的图层文件格式进行表达。地理信息系统的叠加分析是将有关层组的数据层面进行叠加产生一个新数据层面的操作，其结果综合了原来两层或多层要素所具有的属性。

叠加分析不仅包含空间关系的比较，还包含属性关系的比较。地理信息系统叠加分析可以分为以下几类：视觉信息叠加、点与多边形叠加、线与多边形叠加、多边形叠加、栅格图层叠加。

5.2.1 视觉信息叠加

视觉信息叠加是将不同侧面的信息内容叠加显示在结果图件或屏幕上，以便研究者判断其相互之间的空间关系，获得更为丰富的空间信息。地理信息系统中视觉信息叠加包括以下几类：

（1）点状图、线状图和面状图之间的叠加显示；

（2）面状图区域边界之间或一个面状图与其他专题区域边界之间的叠加；

（3）遥感影像与专题地图的叠加；

（4）专题地图与数字高程模型（DEM）叠加显示立体专题图。

视觉信息叠加不产生新的数据层面，只是将多层信息复合显示，便于分析。

5.2.2 点与多边形叠加

点与多边形叠加，实际上是计算多边形对点的包含关系。矢量结构的 GS 能够通过计算每个点相对于多边形线段的位置，进行点是否在一个多边形中的空间关系判断。在完成点与多边形的几何关系计算后，还要进行属性信息处理。最简单的方式是将多边形属性信息叠加到其中的点上。当然也可以将点的属性叠加到多边形上，用于标识该多边形。

通过点与多边形叠加，可以计算出每个多边形类型里有多少个点，不但要区分点是否在多边形内，还要描述在多边形内部的点的属性信息。通常不直接产生新数据层面，只是把属性信息叠加到原图层中，然后通过属性查询间接获得点与多边形叠加的信息。例如，一个中国政区图（多边形）和一个全国矿产分布图（点），二者经叠加分析后，将政区图多边形有关的属性信息加到矿产的属性数据表中，然后通过属性查询，可以查询指定省有多少种矿产，产量有多少；而且可以查询指定类型的矿产在哪些省里有分布等信息。

5.2.3 线与多边形叠加

线与多边形的叠加是比较线上坐标与多边形坐标的关系，判断线是否落在多边形内的操作。计算过程通常是计算线与多边形的交点。只要相交，就产生一个节点，将原线打断成一条条弧段，并将原线和多边形的属性信息一起赋给新弧段。叠加的结果产生了一个新的数据层面，每条线被它穿过的多边形打断成新弧段图层，同时产生一个相应的属性数据表，记录原线和多边形的属性信息。根据叠加的结果，可以确定每条弧段落在哪个多边形内，可以查询指定多边形内指定线穿过的长度。

5.2.4 多边形叠加

多边形叠加是将两个或多个多边形图层进行叠加产生一个新多边形图层的操作，其结果是将原来的多边形要素分割成新要素，新要素综合了原来两层或多层的属性叠加过程，可分为几何求交过程和属性分配过程两步。如图5.4所示。

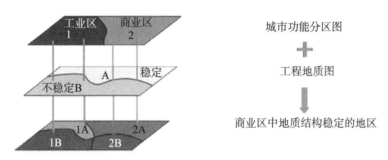

图 5.4 多边形叠加

多边形叠加完成后，根据新图层的属性表，可以查询原图层的属性信息，新生成的图层与其他图层一样，可以进行各种空间分析和查询操作。

5.2.5 栅格图层叠加

栅格图层叠加的一种常见形式是二值逻辑叠加，它常作为栅格结构的数据库查询工具。数据库查询就是查找数据库中已有的信息。

任务 5.3 缓冲区分析

5.3.1 缓冲区的概念

缓冲区是针对点、线、面实体自动建立的周围一定宽度范围以内的缓冲区多边形，通常用于确定地理空间目标的一种影响范围或服务范围。

缓冲区分析是 GIS 的基本空间操作功能之一。例如，某地区有危险品仓库，要分析一旦仓库爆炸所涉及的范围，就需要进行点缓冲区分析。因此，缓冲区是某一主体对象对邻近对象在一定辐射强度或影响强度条件下的影响区域。

在进行缓冲区分析时，通常将研究的问题抽象为三类因素来进行分析：

（1）主体。表示要分析的主要目标，一般分为点源、线源和面源，如图5.5所示。

（2）邻近对象。表示受主体影响的客体，一般是落入缓冲区域的邻近对象的集合。

（3）作用条件。表示主体对邻近对象施加作用的影响条件或强度，最终都被归化为距离或半径。

5.3.2 缓冲区的建立

建立点的缓冲时，只需要给定半径绘圆即可。面的缓冲区只朝一个方向，而线的缓

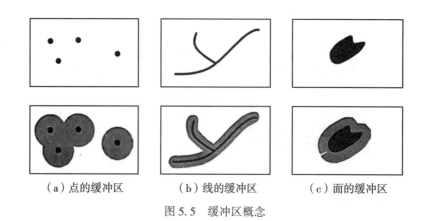

（a）点的缓冲区　　　　　（b）线的缓冲区　　　　　（c）面的缓冲区

图 5.5　缓冲区概念

冲区需在线的左右配置。

　　在对一条线建立缓冲区，只需在线的两边按一定的距离（缓冲距）绘平行线，并在线的端点处绘半圆，就可连成缓冲多边形。

　　在对一条线建立缓冲区时，有可能产生重叠，如图 5.6 所示，这时就需把重叠的部分去除。基本思路是：对缓冲区边界求交，并判断每个交点是出点还是入点，以决定交点之间的线段是保留或删除，这样就可得到岛状的缓冲区。

图 5.6　单线建立的缓冲区

　　在对多条线建立缓冲区时，可能会出现缓冲区之间的重叠，如图 5.7 所示，这时就需把缓冲区内部的线段删除，以合并成连通的缓冲区。

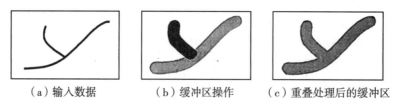

（a）输入数据　　　　　（b）缓冲区操作　　　　（c）重叠处理后的缓冲区

图 5.7　多条线建立的缓冲区

5.3.3　缓冲区查询

　　缓冲区查询是在不破坏原有空间对象的关系，只是用缓冲区的方法建立数据查询的范围，并检索得到落入缓冲区内的对象的过程。在这里，缓冲区充当查询多边形的作用，不会产生新的图层。缓冲区查询主要用于对影响范围内的某些对象进行属性统计分析。

5.3.4 缓冲区分析

　　缓冲区分析则是利用建立的缓冲区作为一个输入图层，并与将要进行缓冲区分析的图层进行叠置分析得到所需结果的过程。缓冲区分析需要进行缓冲区多边形与叠加图层内对象间的求交计算，重新建立拓扑关系和新的对象的属性赋值，产生新的图层。在一些应用中，如选址分析、土地适宜性评价、多因素综合分析评价等，缓冲区分析可能会被反复使用。

任务 5.4 网 络 分 析

　　对地理网络（如交通网络）、城市基础设施网络（如各种网线、电力线、电话线、供排水管线等）进行地理分析和模型化，是地理信息系统中网络分析的主要功能。其基本思想则在于人类活动总是趋于按一定目标选择达到最佳效果的空间位置。

5.4.1 基本概念

　　网络分析的主要用途包括：选择最佳路径；选择最佳布局中心的位置。所谓最佳路径，是指从始点到终点的最短距离或花费最少的路线；最佳布局中心位置是指各中心所覆盖范围内任一点到中心的距离最近或花费最小；网流量是指网络上从起点到终点的某个函数，如运输价格、运输时间等，网络上的任意点都可以是起点或终点。

　　网络的基本要素如图 5.8 所示。

图 5-8 网络的基本要素

网络中的基本组成部分和属性如下：

（1）链：网络中流动的管线，如街道、河流、水管等，其状态属性包括阻力和需求。

（2）障碍：禁止网络中链上流动的点。

（3）拐角点：出现在网络链中所有的分割节点上，状态属性为阻力，如拐弯的时间和限制（如不允许左拐）等。

（4）中心：接受或分配资源的位置，如水库、商业中心、电站等，其状态属性包括资源容量，如总的资源量；阻力限额，如中心与链之间的最大距离或时间限制。

（5）站点：在路径选择中资源增减的站点，如库房、汽车站等，其状态属性为要被运输的资源需求，如产品数。

网络中的状态属性有阻力和需求两项，实际的状态属性可通过空间属性和状态属性转换，根据实际情况赋到网络属性表中。

5.4.2 主要网络分析功能

1. 路径分析

（1）静态求最佳路径。由用户确定权值关系后，即给定每条弧段的属性，当需求最佳路径时，读出路径的相关属性，求最佳路径。

（2）N 条最佳路径分析。确定起点、终点，求代价较小的几条路径，因为在实践中，往往仅求出最佳路径并不能满足要求，可能因为某种因素不走最佳路径，而走近似最佳路径。

（3）最短路径或最低消耗路径分析。确定起点、终点和所要经过的中间点、中间连线，求最短路径或消耗最低的路径。

（4）动态最佳路径分析。实际网络分析中，权值是随着权值关系式变化的，而且可能会临时出现一些障碍点，所以往往需要动态地计算最佳路径。

2. 地址匹配

地址匹配实质上是对地理位置的查询，它涉及地址的编码。地址匹配与其他网络分析功能结合起来，可以满足实际工作中非常复杂的分析要求。所需输入的数据包括地址表和含地址范围的街道网络以及待查询地址的属性值。

3. 资源分配

资源分配网络模型由中心点（分配中心）及其状态属性和网络组成。分配有两种方式：一种是由分配中心向四周输出，另一种是由四周向中心集中。这种分配功能可以解决资源的有效流动和合理分配。在资源分配模型中，研究区可以是机能区，根据网络流的阻力等来研究中心的吸引区，为网络中的每一连接寻找最近的中心，以实现最佳的服务，还可以用来指定可能的区域。

比如，一所学校要依据就近入学的原则来决定应该接收附近哪些街道的学生。这时，可以将街道作为网线构成一个网络，将学校作为一个节点并将其指定为中心，以学校拥有的座位数作为此中心的资源容量，每条街道上的适龄儿童数作为相应网线的需求，走过每条街道的时间作为网线的权值，如此资源分配功能就将从中心出发，依据权值由近及远地寻找周围的网线并把资源分配给它（也就是把学校的座位分配给相应街道的儿童），直至被分配网线的需求总和达到学校的座位总数。

任务 5.5　空 间 插 值

　　空间插值常用于将离散点的测量数据转换为连续的数据曲面，以便与其他空间现象的分布模式进行比较，包括空间内插和外推两种算法。空间内插算法是一种通过已知点的数据推求同一区域其他未知点数据的计算方法；空间外推算法则是通过已知区域的数据，推求其他区域数据的方法。

　　空间插值的理论假设是，空间位置上越靠近的点，越可能具有相似的特征值；而距离越远的点，其特征值相似的可能性越小。图 5.9 所示是利用在地表不同位置采样点生成一个连续表面，得到的某地区的土壤分布图。

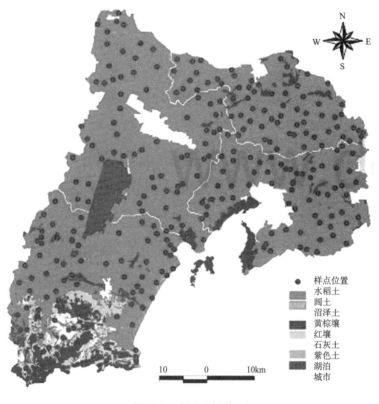

图 5.9　克里金插值法

5.5.1　需要空间插值的情况

　　（1）现有的离散曲面的分辨率、像元大小或方向与所要求的不符。例如，将一个扫描影像从一种分辨率或方向转换到另一种分辨率或方向的影像。

　　（2）现有的连续曲面的数据模型与所需的数据模型不符。例如，将一个连续的曲面从一种空间切分方式变为另一种空间切分方式，如从 TIN 到栅格、从栅格到 TIN 或从矢量多边形到栅格。

（3）现有的数据不能完全覆盖所要求的区域范围。例如，将离散的采样点数据内插为连续的数据表面。

空间插值的数据通常是复杂空间变化采样点的有限的测量数据，这些已知的测量数据称为硬数据。在采样点数据比较少的情况下，可以根据已知的导致某种空间变化的自然过程或现象的信息机理，辅助进行空间插值，这种已知的信息机理称为软信息。

采样点的空间位置对空间插值的结果影响很大，用完全规则的采样网络可能会得到片面的结果，如丢失地物的特征点等；用完全随机的采样同样存在缺陷，可能会导致采样点的分布不均，一些点的数据过于密集，另一些点的数据不足。

5.5.2　空间插值方法

空间插值方法可以分为整体插值和局部插值两类。整体插值方法用研究区所有采样点的数据进行全区特征拟合，局部插值方法是仅仅用邻近的数据点来估计未知点的值。

1. 整体插值方法

（1）边界内插方法。边界内插方法假设任何重要的变化发生在边界上，边界内的变化是均匀的、同质的，即在各方向都是相同的。

（2）趋势面分析法。先用已知采样点数据拟合出一个平滑的类平面方程，再根据该方程计算无测量值的点上的数据。

（3）变换函数插值。根据一个或多个空间参量的变换函数进行整体空间插值，这种方法称为变换函数插值，它也是一种经常使用的空间插值方法。

整体插值方法通常使用方差分析和回归方程等标准的统计方法，计算比较简单。其他的许多方法也可用于整体空间插值。

2. 局部插值方法

局部插值方法只使用邻近的数据点来估计未知点的值，包括以下几个步骤：
（1）定义一个邻域或搜索范围。
（2）搜索落在此邻域范围的数据点。
（3）选择表达这些有限个点的空间变化的数学函数。
（4）为落在规则格网单元上的数据点赋值，重复这个步骤，直到格网上的所有点赋值完毕。

3. 几种常用的局部插值方法

1）泰森多边形方法（最近邻点法）

泰森多边形采用了一种极端的边界内插方法，只用最近的单个点进行区域插值。泰森多边形按数据点位置将区域分割成子区域，每个子区域包含一个数据点，各子区域内数据点的距离小于任何到其他数据点的距离，并用其内数据点进行赋值。

GIS 和地理分析中经常采用泰森多边形进行快速赋值，实际上泰森多边形的一个隐含的假设是任何地点的气象数据均使用距它最近的气象站的数据。而实际上，除非有足够多的气象站，否则这个假设是不恰当的，因为降水、气压、温度等现象是连续的，而用泰森多边形插值方法得到的结果图变化只发生在边界上，在边界内都是均质的和变化的。

2）距离倒数插值方法（移动平均插值方法）

距离倒数插值方法综合了泰森多边形的邻近点方法和趋势面分析的渐变方法的长处，它假设未知点处属性值是在局部邻域内中所有数据点的距离的加权平均值。距离简数插值方法是加权移动平均方法的一种。

距离倒数插值方法是 GIS 软件根据点数据生成栅格图层的最常见方法。距离倒数法计算值易受数据点集群的影响，计算结果经常出现一种孤立点数据明显高于周围数据点的"鸭蛋"分布模式，可以在插值过程中通过动态修改搜索准则进行一定程度的改进。

3）样条函数插值方法。

在计算机用于曲线与数据点拟合以前，绘图员是使用一种灵活的曲线规逐段地拟合出平滑的曲线。这种灵活的曲线规绘出的分段曲线称为样条。与样条匹配的那些数据点称为桩点，绘制曲线时桩点控制曲线的位置。

样条函数是数学上与灵活曲线对等的一个数学等式，是一个分段函数，进行一次拟合只有与少数点拟合，同时保证曲线段连接处连续。这就意味着样条函数可以修改少数数据点配准而不必重新计算整条曲线。

样条函数与趋势面分析和距离倒数插值方法相比，保留了局部的变化特征，并在视觉上得到了令人满意的结果。样条函数的一些缺点是：样条内插的误差不能直接估算，同时在实践中要解决的问题是样条块的定义以及如何在二维空间中将这些块拼成复杂曲面，又不引入原始曲面中所没有的异常现象等问题。

5.5.3 空间统计分类分析

统计分析主要用于数据分类和综合评价。数据分类是地理信息系统重要的功能之一。一般来说，地理信息系统存储的数据具有原始性质，用户可以根据不同的使用目的，进行提取和分析，特别是对于观测和取样数据，随着采用分类和内插方法的不同，得到的结果有很大的差异。因此，在大多数情况下，首先是将大量未经分类的数据输入信息系统数据库，然后要求用户建立具体的分类算法，以获得所需要的信息。

空间统计分析如图 5.10 所示。

下面简要介绍分类评价中常用的几种数学方法。

1. 主成分分析

地理问题往往涉及大量相互关联的自然和社会要素，众多的要素常常给模型的构造带来很大困难，同时也增加了运算的复杂性。为使用户易于理解和解决现有存储容量不足的问题，有必要减少某些数据而保留最必要的信息。由于地理变量中许多变量通常都是相互关联的，就有可能按这些关联关系进行数学处理，达到简化数据的目的。主成分分析是通过数理统计分析，求得各要素间线性关系的实质上有意义的表达式，将众多要素的信息压缩表达为若干具有代表性的合成变量，这就克服了变量选择时的冗余和相关，然后选择信息最丰富的少数因子进行各种聚类分析。

在实际工作中常挑选前几个方差比例最大的主成分，这样既减少了指标的数目，又抓住了主要矛盾，简化了指标之间的关系。

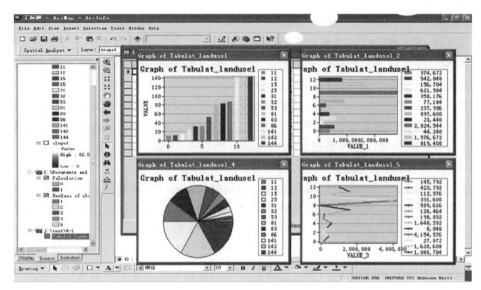

图 5.10　空间统计分析

很显然，主成分分析这一数据分析技术是把数据减少到易于管理的程度，也是将复杂数据变成简单类别便于存储和管理的有力工具。

2. 层次分析法

层次分析法是系统分析的数学工具之一，它把人的思维过程层次化、数量化，并用数学方法为分析、决策、预报或控制提供定量的依据。这是一种定性和定量分析相结合的方法。该方法把相互关联的要素按隶属关系分为若干层次，请有经验的专家对各层次各因素的相对重要性给出定量指标，利用数学方法综合专家意见给出各层次各要素的相对重要性权值，作为综合分析的基础。

3. 聚类、聚合分析

聚类、聚合分析是栅格结构数据的一种分析方法，是指将一个单一层面的栅格数据系统经某种变换而得到一个具有新含义的栅格数据系统的数据处理过程。

聚类分析是根据设定的聚类条件对原有数据系统进行有选择的信息提取而建立新的栅格数据系统的方法。聚类分析的步骤一般是根据实体间的相似程度，逐步合并若干类别，其相似程度由距离或者相似系数定义。进行类别合并的准则是使得类间差异最大，而聚合分析是指根据空间分辨力和分类表进行数据类型的合并或转换，以实现空间地类内差异最小。

空间聚合的结果往往是将较复杂的类别转换为较简单的类别，并且常以较小比例尺的图形输出。从地点、地区到大区域的制图综合变换时常需要使用这种分析方法。

4. 判别分析

判别分析与聚类分析同属分类问题，所不同的是，判别分析是预先根据理论与实践确定等级序列的因子标准，再将待分析的地理实体安排到序列的合理位置上的方法，对于诸如水土流失评价、土地适宜性评价等有一定理论根据的分类系统定级问题比较适用。

任务 5.6 数字地形模型分析及地形分析

数字高程模型（digital elevation model，DEM）是地理信息系统地理数据库中最为重要的空间信息资料和赖以进行地形分析的核心数据系统。目前，世界上各主要发达国家都纷纷建立了覆盖全国的 DEM 数据系统，DEM 已经在测绘、资源与环境、灾害防治、国防等与地形分析有关的科研及国民经济各领域发挥着越来越巨大的作用。数字地形模型（digital terrain model，DTM）是地理信息系统的重要组成部分，与计算机、测绘、遥感等多学科内容相互交叉渗透，它在测绘、水文、气象、地貌、地质、土壤、工程建设、通信、气象、军事等国民经济和国防建设以及人文和自然科学领域有着广泛的应用。它最初是 1956 年由美国麻省理工学院 Mler 教授为高速公路的自动设计提出来的。此后，它被用于各种线路（铁路、公路、输电线）选线的设计以及各种工程的面积、体积、坡度计算，任意两点间的通视判断及任意断面图绘制。在测绘中被用于绘制等高线、坡度坡向图等。它还是地理信息系统的基础数据，可用于土地利用现状的分析、合理规划及洪水险情预报等。本节主要介绍数字地形模型的基本概念、DEM 的形成、利用 DEM 进行地形分析。

5.6.1 DTM 与 DEM 的概念

数字地形模型是地形表面形态属性信息的数字表达，是带有空间位置特征和地形属性特征的数字描述。这些特征不仅包含高程属性，还包含其他的地表形态属性，如坡度、坡向、温度、降雨量等。当数字地形模型中地形属性为高程时，称为数字高程模型（DEM）。显然，DEM 是 DTM 的一个子集，是 DTM 的一个特例。

从数学的角度分析，高程模型是高程 Z 关于平面坐标 (X, Y) 两个自变量的连续函数，数字高程模型（DEM）只是它的一个有限的离散表示。高程模型最常见的表达是相对于海平面的高度，或相对某个参考平面的高度。高程是地理空间中的第三维坐标。由于传统的地理信息系统的数据结构都是二维的，因此数字高程模型的建立是一个必要的补充。地理信息系统中，DEM 是建立 DTM 的基础数据，其他的地形要素可由 DEM 直接或间接导出，称为派生数据，如坡度、坡向等。

5.6.2 DEM 的主要表示方法

一个地区的地表高程的变化可以采用多种方法表达，用数学定义的表面或点、线、影像都可用来表示 DEM。如图 5.11 所示。

1. 数学方法

这种方法把地面分成若干个块，每块用一种数学函数（如傅里叶级数、高次多项式、随机布朗运动函数等）以连续的三维函数平滑地表示复杂曲面，并使函数曲面通过离散采样点。

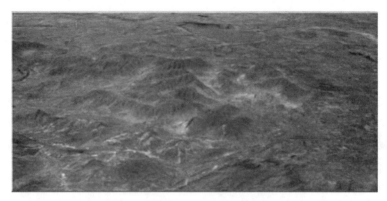

图 5.11 DEM 表示

2. 图形方法

1）线模式

等高线是表示地形高低起伏的最常见的形式，与其相关的山脊线、谷底线、海岸线及坡度变换线等地形特征线也是表达地面高程的重要信息源。

2）点模式

用离散采样数据点建立 DEM 是常用的方法之一。数据采样可以按规则格网采样，可以是密度一致的或不一致的；可以是不规则采样，如不规则三角网、邻近网模型等；也可以有选择地采样，采集山峰、洼坑、隘口、边界等重要特征点。

（1）规则格网模型。规则格网模型是将区域空间切分为规则的格网单元，每个格网单元对应一个数值。规则格网可以是正方形、矩形、三角形等。数学上可以表示为一个矩阵，在计算机中则是一个二维数组。每个格网单元或数组的一个元素，对应一个高程值。

（2）不规则三角网（triangulated irregular network，TIN）模型。不规则三角网模型是另外一种表示数字高程模型的方法，它是由不规则分布的数据点连成的三角网组成的，三角形的形状和大小取决于不规则分布的观测点的密度和位置，如图 5.12 所示。如果区域中的点不在顶点上，则该点的高程值通常通过线性插值的方法得到（在边上用边的两个端点的高程，在三角形内则用三个顶点的高程）。

5.6.3 DEM 的分析与应用

数字高程模型是各种地学分析、工程设计、辅助决策的重要基础性数据，有着广泛的应用领域。

1. 地形曲面拟合

DEM 最基础的应用是求 DEM 范围内任意点的高程，在此基础上进行地形属性分析。由于已知有限个格网点的高程，可以利用这些格网点高程拟合一个地形曲面，推求区域内任意点的高程。曲面拟合方法可以看作是一个已知规则格网点数据进行空间插值的特例，距离倒数加权平均方法、克里金插值方法、样条函数等插值方法均可采用。

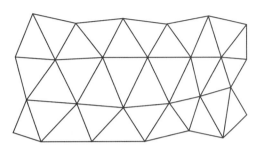

图 5.12　不规则三角网模型

2. 立体透视图

立体图是表现物体三维模型最直观形象的图形，与采用等高线表示地形形态相比，有其自身独特的优点，它更接近人们的直观视觉，可以生动逼真地描述制图对象在平面和空间上分布的形态特征和构造关系，如图 5.13 所示。

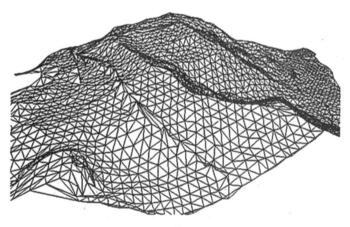

图 5.13　立体透视图

3. 剖面分析

在工程建设中，道路、线路选线以及大坝、水库的选址所需的地形剖面图可以在 DEM 中生成。

4. 通视分析

通视分析是指以某一点为观察点，研究某一区域通视情况的地形分析方法。通视分析有着广泛的应用背景，例如，在选址观察哨所时，观察哨所应该设在能监视某一感兴趣的区域的位置，视线不能被地形挡住，这就是通视分析中典型的点对区域的通视问题。与此类似的问题还有森林中火灾监测点的设定、无线发射塔的设定等。

可视性分析的基本因子有两个，一个是两点之间的通视性；另一个是可视域，即对于给定的观察点所覆盖的区域。

🔗 习题和思考题

　　1. 什么是空间数据查询？查询的方式有哪些？

　　2. 什么是缓冲区分析？请举例说明它有什么用途。

　　3. 地理信息系统叠加分析有哪些类型？举例说明线和多边形叠加的应用。

　　4. 在网络分析中，网络数据结构的基本组成部分和属性有哪些？常用的网络分析有哪些？

　　5. 应用空间插值理论的前提是什么？

项目 6   地理信息系统产品输出

📝 教学目标

通过本项目的学习，掌握地理信息系统产品输出设备与输出形式、地图语言中的地图符号、地理信息可视化的主要形式等。GIS 一个首要的功能就是将表现地理事物和现象的空间数据以直观的方式显示出来，即地理信息数据的可视化。

📋 思政目标

助力重大战略成果展示：在 GIS 产品输出案例教学或实践中，选取如"一带一路"倡议相关项目成果进行深度剖析。利用 GIS 制作的共建"一带一路"国家交通基础设施联通图、贸易物流节点分布地图、能源合作区域示意图等，直观呈现倡议推进下各国互联互通、协同发展的格局，彰显我国的大国担当与国际影响力，使学生感受自身专业参与国际事务、助力国家对外发展战略的价值，强化他们的民族自豪感与文化自信。

挖掘历史文化传承脉络：当输出文化遗产保护类 GIS 产品（如古遗址分布地图、历史文化街区三维复原展示系统）时，融入我国悠久历史文化内涵，从古代测绘技艺对地理信息记录传承，到现代 GIS 精细化呈现文物古迹空间分布、建筑风貌变迁，让学生领悟专业与传统文化交融的魅力，帮助他们树立守护文化根脉、传承华夏文明的责任意识。

📄 项目案例

某山区县拥有丰富且独特的自然生态资源，包括茂密的森林、清澈的溪流、壮观的瀑布以及多样的野生动植物，同时留存着部分古朴的村落与历史遗迹，具备发展生态旅游的绝佳潜质。然而，此前旅游资源分布零散，缺乏系统性整合与展示，游客获取信息不便，旅游线路规划混乱，难以吸引大规模游客并保障其优质体验。因此，当地政府决定借助 GIS 技术制作一系列可视化、易传播的 GIS 产品助力生态旅游规划与推广。

1. GIS 数据收集与整理

（1）基础地理数据：从测绘部门获取高精度地形图，涵盖山地海拔、坡度、坡向等地形地貌信息，明确山脉走向、山谷分布，确定适合建设旅游基础设施的平缓区域与具有景观价值的险要地段；水系数据详细标注溪流源头、流向、流域范围及瀑布精确位置，展现水域景观脉络。

（2）生态资源数据：组织生物专家团队实地调研，结合无人机遥感影像解译，标注野生动植物栖息地范围（以多边形矢量图层表示），记录珍稀物种分布点位（点要素），附上物种名称、保护级别等属性；对森林资源按照林种（阔叶林、针叶林等）、郁闭度划分区域，为"森林氧吧"体验区规划提供依据。

（3）人文历史数据：走访当地村落，收集古村落布局（建筑分布、街巷走向等矢量数据）、历史建筑年代与特色（属性描述），挖掘传说故事、民俗活动并关联对应地理区域；整理历史遗迹考古资料，精确定位遗迹坐标，为文化旅游增添深度内涵。

（4）旅游设施数据：调查现有旅游停车场、游客服务中心、民宿、餐饮点等设施位置（点要素）、规模（面积、床位、餐位数等属性），掌握景区道路（线要素）类型（水泥路、石板路等）、长度与通行状况，便于评估接待能力与优化线路。

2. GIS 产品制作与输出

（1）生态旅游地图集：利用桌面 GIS 软件精心排版设计，整合多图层数据制作系列地图。普通旅游地图以清晰易读的方式展示全县旅游景点分布、交通线路、服务设施，用生动图标区分自然景观与人文景点，标注景点特色简介。专题地图聚焦生态资源，像野生动物观赏地图突出动物栖息地与观测点，配合动物照片、习性介绍；森林康养地图按郁闭度、负氧离子含量分层渲染适宜区域，供不同需求游客选择。地图集印刷成册，在车站、酒店、游客中心免费发放，成为游客的"贴身导游"。

（2）在线互动式旅游 GIS 平台：基于 WebGIS 技术搭建网站与移动端应用，嵌入基础地图后，游客可自主勾选感兴趣图层（如只看瀑布景点或古村落路线），利用"空间查询"点击景点获取详细图文介绍、周边设施实时信息（如停车场剩余车位、民宿空房情况等）；平台内置"路径规划"功能，根据游客位置（自动定位）、偏好（休闲赏景或探险速达）推荐个性化旅游线路，生成可保存和分享的行程图。

（3）可视化宣传视频与大屏展示系统：运用三维 GIS 建模结合动画制作技术，渲染逼真山水景观、穿梭古村街巷、模拟野生动物出没场景，剪辑成精彩宣传视频投放在社交媒体、旅游推介会，播放量累计超 200 万次，吸引了大量潜在游客的目光；在县政府、景区游客中心设置大屏展示系统，动态轮播生态旅游资源分布、实时游客流量热力图（基于景区监控数据），辅助管理部门直观掌握旅游态势、调配资源。

3. 项目成效

（1）游客引流显著：通过多渠道 GIS 产品推广，县域游客接待量从年均 50 万人次增至 120 万人次，旅游收入实现翻倍增长，淡季游客到访率提升 40%，缓解了旅游季节性波动。

（2）旅游体验优化：游客依据精准信息规划行程，满意度调查显示超 85% 游客认可线路与服务，景区投诉率下降 60%，口碑效应进一步带动了旅游市场繁荣。

（3）资源保护协同：清晰标注生态敏感区与资源分布的 GIS 产品，让游客与管理者明晰保护重点，配合监控，乱采滥挖、违规进入栖息地等破坏行为减少 70%，实现了旅游开发与生态保育平衡发展。

此案例凸显了 GIS 产品输出在整合生态旅游资源、服务游客与管理决策、促进地方文旅产业可持续发展方面的强大效能。

任务 6.1　地理信息系统产品输出形式

6.1.1　地理信息系统产品的输出设备

目前，一般地理信息系统软件都为用户提供了图形、图像以及属性等数据的输出方式，其中，屏幕显示主要用于系统与用户交互时的快速显示，是廉价的产品输出方式，可用于日常的空间信息管理和小型科研成果输出；矢量绘图仪制图用来绘制高精度的比较正规的大图幅图形产品；喷墨打印机，特别是高品质的激光打印机，已经成为当前地理信息系统地图产品的主要输出设备。主要图形输出设备见表6-1。

表6-1　主要图形输出设备一览表

设备	图形输出方式	精度	特　点
矢量绘图机	矢量线划	高	适合绘制一般的线划地图，还可以进行刻图等特殊方式的绘图
喷墨打印机	栅格点阵	高	可制作彩色地图与影像地图等各类精致地图制品
高分辨彩显	屏幕像元点阵	一般	实时显示 GIS 的各类图形、图像产品
行式打印机	字符点阵	差	以不同复杂度的打印字符输出各类地图，精度差，变形大
胶片拷贝机	光栅	较高	可将屏幕图形复制到胶片上，用于制作幻灯片或正胶片

1. 屏幕显示

由光栅或液晶屏幕显示图形、图像，通常是比较廉价的，这种显示设备常用来做人机交互的输出设备，其优点是代价低、速度快、色彩鲜艳，且可以动态刷新；缺点是非永久性输出，关机后无法保留，而且幅面小、精度低、比例不准确，不宜作为正式输出设备。

2. 绘图机

绘图机是一种将经过处理和加工的信息以图解形式转换和绘制在介质上的图形输出设备。目前绘图机的种类主要有平台式绘图机、滚筒式绘图机、喷墨绘图机和静电绘图机等。

3. 打印输出

打印机是地理信息系统的主要输出硬拷贝设备，它能将地理信息系统的数据处理和分析结果以单色或彩色字符、汉字、表格、图形等作为硬拷贝记录印刷在纸上。目前的打印机种类主要有行式打印机、点阵打印机、喷墨打印机、激光打印机等，其中，激光打印机是一种既可用于打印又可用于绘图的设备，其绘图的基本特点是品质高、速度快。

6.1.2　地理信息系统产品的输出形式

按照不同的标志，地理信息系统产品的输出形式有多种。就其载体形式来说，可分为常规、静态的纸质地图和动态的数字地图等类型。

1. 常规地图

常规地图（纸质地图）是地理信息系统产品的重要输出形式，它主要是以线划、颜色、符号和注记等表示地形地物。根据地理信息系统表达的内容，常规地图可分为全要素地形图、各类专题图、遥感影像地图以及统计图表、数据报表等。

（1）全要素地形图。全要素地形图的内容包括水系、地貌、植被、居民地、交通、境界、独立地物等。

（2）专题地图。专题地图是突出表示一种或几种自然地物或社会经济现象的地图，它主要由地理基础和专题内容两部分组成。

（3）遥感影像地图。随着遥感技术，特别是航天遥感技术的发展，遥感影像地图已成为地理信息系统产品的一种表达形式。

（4）统计图表与数据报表。在地理信息系统中，属性数据大约占数据量的80%，它们是以关系（表）的形式存在的，反映了地理对象的特征、性质等属性。

2. 图像

图像也是空间实体的一种模型，它不是采用符号化的方法，而是采用人的直观视觉变量（如灰度、颜色、模式）来表示各空间位置实体的质量特征。

3. 数字产品

数字地图的核心是以数字形式来记录和存储地图。与常规地图相比，数字地图有以下几个优点：

（1）数字地图的存储介质是计算机磁盘、磁带等，与纸张相比，其信息存储量大、体积小、易携带。

（2）数字地图以计算机可以识别的数字代码系统反映各类地理特征，可以在计算机软件的支持下借助高分辨率的显示器实现地图的显示。

（3）数字地图方便进行地图的投影变换、比例尺变换、局部放大/缩小以及移动显示等操作。

（4）数字地图便于与遥感信息和地理信息系统相结合，实现地图的快速更新，同时也便于多层次信息的复合显示与分析。

任务6.2 地理信息的可视化技术

6.2.1 地理信息可视化的概念

地理信息可视化（即空间信息可视化）是指运用地图学、计算机图形学和图像处理技术，将地学信息输入、处理、查询、分析以及预测的数据及结果采用图形符号、图形、图像，并结合图表、文字、表格、视频等可视化形式显示并进行交互处理的理论、方法和技术。测绘学家的地形图测绘编制，地理学家、地质学家使用的图解，地图学家的专题、综合制图等，都是用图形（地图）来表达对地理现象与规律的认识和理解，都属于地理信息的可视化。

6.2.2　地理信息可视化的主要形式

1. 地图可视化

地图是空间信息可视化的最主要的形式，也是最古老的形式。在计算机上，将空间信息用图形和文本表示的方法，在计算机图形学出现的同时也就出现了。这是空间信息可视化的较为简单而常用的形式。多媒体技术的产生和发展，使空间信息可视化进入了一个崭新的时期。

虚拟地图指计算机屏幕上产生的地图，或者利用双眼观看有一定重叠度的两幅相关地图，从而在人脑中构建的三维立体图像。虚拟地图具有暂时性，实物地图具有静态永久性。虚拟地图和人的心智图像相互联系与作用的原理和过程同传统的实物地图是不一样的，需要建立新的理论和方法。

2. 多媒体地理信息

为了综合、形象地表观空间地理信息，使文本、表格、声音、图像、图形、动画、音频、视频等各种形式的信息逻辑地联结并集成为一个整体概念，是空间信息可视化的重要形式。

各种多媒体形式能够形象、真实地表示空间信息的某些特定方面，作为全面地表示空间信息的不可缺少的手段。

3. 三维仿真地图

三维仿真地图是基于三维仿真和计算机三维真实图形技术而产生的三维地图，具有仿真的形状、纹理等，也可以进行各种三维的量测和分析。

4. 虚拟现实

虚拟现实是指通过头盔式的三维立体显示器、数据手套、三维鼠标、数据衣、立体声耳机等，使人能完全沉浸于计算机生成创造的一种特殊三维图形环境，并且人可以操作控制三维图形环境，使人有身临其境之感，实现特殊的目的。

虚拟地理环境特点之一是地理工作者可以进入地学数据中，有身临其境之感；另一特点是具有网络性，从而为处于不同地理位置的地学专家开展同时性的合作研究、交流与讨论提供了可能。

虚拟地理环境与地学可视化有着紧密的关系。虚拟地理环境中关于从复杂地学数据、地理模型等映射成三维图形环境的理论和技术，需要空间可视化的支持；而地理可视化的交流传输与认知分析在具有沉浸投入感的虚拟地理环境中，则更易于实现。地理可视化将集成于虚拟地理环境中。

🔗 习题和思考题

1. 地理信息系统产品有哪些输出形式？

2. 地理信息系统产品的输出设备都有哪些?

3. 地理信息可视化的主要形式有哪些?

4. 什么是虚拟现实? 它在可视化中的意义及发展前景如何?

参 考 文 献

[1] 张东明，等．地理信息系统原理［M］.（第二版）．郑州：黄河水利出版社，2021.

[2] 李建辉，陈琳，王琴，等．地理信息系统技术应用［M］.（第二版）．武汉：武汉大学出版社，2020.

[3] 马驰，杨蕾，唐均，等．地理信息系统原理与应用［M］．武汉：武汉大学出版社，2019.

[4] 邬伦．地理信息系统原理、方法和应用［M］．北京：科学出版社，2004.

[5] 边馥苓．地理信息系统原理和方法［M］．北京：测绘出版社，1996.

[6] 黄杏元，汤勤．地理信息系统概论［M］．北京：高等教育出版社，2001.

[7] 张成才．GIS 空间分析理论与方法［M］．武汉：武汉大学出版社，2004.

[8] 张超，等．地理信息系统实习教程［M］．北京：高等教育出版社，2004.

[9] 胡鹏，黄杏元，华一新，等．地理信息系统教程［M］．武汉：武汉大学出版社，2002.

[10] 陆守一，唐小明，王国胜，等．地理信息系统实用教程［M］．北京：中国林业出版社，2003.

[11] 汤国安，等．地理信息系统［M］．北京：科学出版社，2000.

[12] 陈述彭，等．地理信息系统导论［M］．北京：科学出版社，2003.

[13] 邬伦．地理信息系统［M］．北京：电子工业出版社，2002.

[14] 王家耀，等．地图制图学与地理信息工程学科进展与成就［M］．北京：测绘出版社，2011.

[15] 李建松．地理信息系统原理［M］．武汉：武汉大学出版社，2006.

[16] 张景雄．地理信息系统与科学［M］．武汉：武汉大学出版社，2010.

[17] 国家测绘地理信息局职业技能鉴定指导中心．测绘综合能力［M］．北京：测绘出版社，2012.